Mosab Nouraldein M. Hamad

Leishmaniose Visão geral

Mosab Nouraldein M. Hamad

Leishmaniose Visão geral

ScienciaScripts

Cover image: www.ingimage.com

This book is a translation from the original published under ISBN 978-620-2-06897-0.

Publisher:
Sciencia Scripts
is a trademark of
Dodo Books Indian Ocean Ltd. and OmniScriptum S.R.L publishing group

120 High Road, East Finchley, London, N2 9ED, United Kingdom
Str. Armeneasca 28/1, office 1, Chisinau MD-2012, Republic of Moldova, Europe
Printed at: see last page
ISBN: 978-620-8-23445-4

Conteúdo

Dedicação

À alma do meu professor:

Dr. Ahmed Mohammed Abdelhalim.

Agradecimentos:

A todos os que trabalham na área da medicina e que ajudam os outros a tornar o mundo mais pacífico.

CAPÍTULO 1

Introdução

As leishmanioses são um grupo de doenças causadas por protozoários parasitas de mais de 20 espécies de Leishmania.

Estes parasitas são transmitidos aos seres humanos através da picada da fêmea infetada do flebotomíneo - um inseto vetor minúsculo - com apenas 2-3 mm de comprimento. Existem três formas principais de leishmaniose: cutânea, visceral ou calazar, e mucocutânea.

A maioria das pessoas infectadas pelo parasita não desenvolve qualquer sintoma durante a sua vida. Por isso, o termo leishmaniose refere-se ao facto de ficar doente devido a uma infeção por *Leishmania* e não ao simples facto de estar infetado com o parasita.[1]

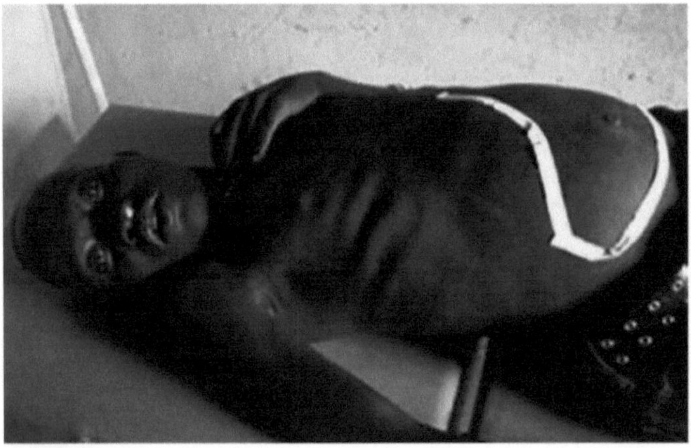

História:

A leishmaniose tem uma longa história que remonta ao século I d.C. Já nesse período, a cerâmica pré-inca do Equador e do Peru apresentava representações de lesões cutâneas e deformidades faciais típicas da leishmaniose cutânea e mucocutânea. Textos incas dos séculos XV e XVI e relatos de conquistadores espanhóis registaram a presença de lesões cutâneas em trabalhadores agrícolas que regressavam dos Andes. Estas úlceras assemelhavam-se a lesões de lepra e foram rotuladas de "lepra branca", "doença dos Andes" ou "doença do vale". Em África e na Índia, os relatórios de meados do século XVIII descrevem a doença atualmente conhecida como leishmaniose visceral como "kal-azar" ou "febre negra". Em 1756, Alexander Russell fez um importante avanço no estudo da descoberta da Leishmaniose depois de examinar um doente turco. Segundo Russell, "depois de cicatrizada, deixa uma cicatriz feia, que permanece para toda a vida, e durante muitos meses tem uma cor lívida. Quando não estão irritadas, raramente causam muita dor". Russell chamou a esta doença, "furúnculo de Alepo".

A doença ficou conhecida como Leishmaniose depois de William Leishman, um médico de Glasgow ao serviço do exército britânico na Índia, ter desenvolvido uma das primeiras manchas de Leishmania em 1901. Em Dum Dum, uma cidade perto de Calcutá, Leishman descobriu corpos ovóides no baço de um soldado britânico que estava a sofrer ataques de febre, anemia, atrofia muscular e inchaço do baço. Leishman descreveu esta doença como "febre dum dum" e publicou as suas descobertas em 1903. Charles Donovan também reconheceu estes sintomas noutros doentes de kal-azar e publicou a sua descoberta algumas semanas depois de Leishman. Depois de examinar o parasita usando a coloração de Leishman, estes amastigotas ficaram conhecidos como corpos de Leishman-Donovan e, oficialmente, esta espécie ficou conhecida como *L. Donovani.* Ao relacionar este protozoário com o calazar, Leishman e Donovan descobriram o género *Leishmania.*[(2)]

CAPÍTULO 2

Epidemiologia

A leishmaniose é encontrada em pessoas em áreas focais de mais de 90 países nos trópicos, subtrópicos e no sul da Europa. Os contextos ecológicos variam entre florestas tropicais e desertos. A leishmaniose é normalmente mais comum nas zonas rurais do que nas urbanas, mas encontra-se nos arredores de algumas cidades. As alterações climáticas e outras alterações ambientais têm o potencial de expandir a área geográfica dos vectores do mosquito da areia e as áreas do mundo onde se encontra a leishmaniose.

A leishmaniose encontra-se em todos os continentes, exceto na Austrália e na Antárctida.

- No **Velho Mundo (hemisfério oriental),** a leishmaniose encontra-se em algumas partes da Ásia, no Médio Oriente, em África (sobretudo na região tropical e no Norte de África, com alguns casos noutros locais) e no Sul da Europa. Não se encontra na Austrália ou nas ilhas do Pacífico.

- No **Novo Mundo (Hemisfério Ocidental),** encontra-se em algumas partes do México, América Central e América do Sul. Não é encontrada no Chile ou no Uruguai. Casos ocasionais de **leishmaniose cutânea** foram adquiridos no Texas e em Oklahoma.

O número de novos casos por ano não é conhecido com certeza. Para a **leishmaniose cutânea,** as estimativas do número de casos variam de aproximadamente 0,7 milhão (700.000) a 1,2 milhão (1.200.000). Para a **leishmaniose visceral,** as estimativas do número de casos variam de aproximadamente 0,2 milhão (200.000) a 0,4 milhão (400.000). Os casos de leishmaniose avaliados nos Estados Unidos reflectem padrões de viagem e imigração. Por exemplo, muitos dos casos de **leishmaniose cutânea** em viajantes civis dos EUA foram adquiridos em destinos turísticos comuns na América Latina, como a Costa Rica.

Em geral, a infeção nas pessoas é causada por mais de 20 espécies (tipos) de parasitas *Leishmania*, que são transmitidos por cerca de 30 espécies de flebotomíneos; espécies específicas do parasita são transmitidas por moscas da areia específicas. Os vectores dos flebótomos são geralmente mais activos durante o crepúsculo, o entardecer e as horas nocturnas (do anoitecer ao amanhecer).

Em muitas áreas geográficas onde a leishmaniose é encontrada em pessoas, não são necessárias pessoas infectadas para manter o ciclo de transmissão do parasita na natureza; os animais infectados (como roedores ou cães), juntamente com as moscas da areia, mantêm o ciclo. No entanto, nalgumas partes do mundo, são necessárias pessoas infectadas para manter o ciclo; este tipo de transmissão (humano-mosca da areia-humano) é designado por **antroponia.** Em áreas com transmissão antroponótica, o tratamento eficaz de doentes individuais pode ajudar a controlar a propagação do parasita.(3)

CAPÍTULO 3

Vetorial

A leishmaniose é causada por protozoários parasitas pertencentes ao género *Leishmania.* Os parasitas são transmitidos pela picada de um pequeno inseto vetor - *com* apenas 2-3 mm de comprimento - o *flebotomíneo.*

Existem cerca de 500 espécies de flebotomíneos conhecidas, mas apenas cerca de 30 foram consideradas transmissoras da leishmaniose. Apenas a fêmea do mosquito da areia transmite os parasitas. As fêmeas dos flebótomos precisam de sangue para o desenvolvimento dos seus ovos e ficam infectadas com os parasitas *da Leishmania* quando sugam sangue de uma pessoa ou animal infetado. Durante um período de 4 a 25 dias, os parasitas desenvolvem-se no mosquito da areia. Quando a fêmea infecciosa se alimenta de uma nova fonte de sangue, inocula o parasita na pessoa ou no animal e o ciclo de transmissão completa-se.

Os flebotomíneos encontram-se em todas as regiões tropicais e temperadas do mundo.

A fêmea deposita os seus ovos nas tocas de certos roedores, na casca de árvores velhas, em edifícios em ruínas, em fendas nas paredes das casas, em abrigos de animais e no lixo doméstico, onde as larvas encontram a matéria orgânica, o calor e a humidade de que necessitam para se desenvolverem.

Na sua procura de sangue (geralmente ao fim da tarde e à noite), a fêmea do mosquito da areia pode percorrer uma distância de até várias centenas de metros em redor do seu habitat.(4) O único vetor conhecido da leishmaniose é a pequena mosca díptera conhecida vulgarmente como "mosquito da areia". O nome comum pode ser enganador, uma vez que outros não vectores são referidos pelo mesmo nome em certos locais. O vetor partilha a família Psychodidae com as moscas-das-traças não vectoras e não mordedoras, frequentemente observadas à volta dos ralos dos chuveiros. A subfamília Phlebotomine é constituída por moscas sugadoras de sangue que são vectores da leishmaniose e de outras doenças, incluindo a bartonelose (doença de Carrion), a febre do flebótomo (febre da mosca da areia) e a estomatite vesicular. Como todas as moscas verdadeiras (Ordem: Diptera), os flebótomos sofrem uma metamorfose completa e apresentam quatro fases de vida completas: ovo, larva, pupa e adulto. Ao contrário dos mosquitos, as fases imaturas não necessitam de água parada para se desenvolverem, embora necessitem de ambientes relativamente quentes e húmidos. Estes requisitos são muitas vezes fornecidos por tocas de animais, pelo que as moscas da areia são frequentemente encontradas perto de habitações de roedores.

Os ovos do mosquito-da-areia são depositados num habitat adequado pelas fêmeas adultas. Inicialmente, são brancos ou cinzentos claros, mas muitas vezes tornam-se castanhos escuros ou pretos algumas horas após a oviposição, dependendo da espécie. Têm forma de banana e um tamanho quase microscópico (0,3-0,5 mm de comprimento). O tempo de incubação depende muito da temperatura, mas é em média de 6 a 17 dias. Os ovos são geralmente depositados numa massa de elevado conteúdo orgânico, como excrementos de animais e solo, proporcionando às larvas recém-emergidas abrigo, humidade e nutrição.

As larvas têm forma de lagarta, com cápsulas na cabeça e pequenas antenas em forma de folha. As setas caudais distintivas podem ajudar a identificar as larvas como moscas da areia, mas as larvas raramente são utilizadas em taxonomia porque muito poucas são recolhidas na natureza. Existem quatro instares larvares com tamanhos que variam de 0,55 mm de comprimento no 1st a cerca de 3,2 mm de comprimento no 4th . As larvas do 1st instar têm geralmente duas longas cerdas caudais, mas as larvas do 2nd instar têm 4 cerdas caudais aquando da muda. As larvas deslocam-se muito pouco do local de oviposição.

thAs pupas assemelham-se a uma pequena crisálida de borboleta, exceto no que diz respeito ao exúvio larvar (exoesqueleto), que se encontra numa das extremidades. O exúvio actua como uma cola que se fixa a um substrato sólido e mantém a pupa na vertical.

As moscas da areia adultas têm cerca de um terço do comprimento de um pequeno mosquito, geralmente com menos de 3,5 mm de comprimento. Estão cobertos de pêlos densos e mantêm as asas numa forma caraterística de "V" sobre o dorso quando estão em repouso. As veias das asas são paralelas entre si e têm numerosos "pêlos" pequenos. Os olhos são grandes e escuros. As antenas são longas e filiformes, com 16 segmentos. As peças bucais são curtas, em forma de punhal e orientadas para baixo. O tórax é distintamente arqueado, empurrando a cabeça para baixo da superfície superior do tórax. As patas são muito longas e delicadas.

Tanto as fêmeas como os machos adultos do mosquito-da-areia obtêm uma nutrição de hidratos de carbono a partir de sumos de plantas; no entanto, a maioria das fêmeas também necessita de, pelo menos, uma refeição de sangue para completar o desenvolvimento dos lotes de ovos. Algumas são autogénicas (capazes de produzir ovos viáveis sem uma refeição de sangue). A aquisição de agentes patogénicos é, por conseguinte, incidental às refeições de sangue.

As moscas da areia são muito susceptíveis à desidratação, pelo que a maioria é nocturna. Procuram abrigo em tocas de animais, contrafortes ou buracos de árvores, grutas, rochas e outros habitats protegidos, incluindo habitações humanas. De voo geralmente fraco, voam normalmente perto do solo em saltos curtos. O seu raio de ação é tipicamente muito curto (cerca de 300 m), mas sabe-se que alguns chegam a viajar até 2300 m em ambientes desérticos. A curta distância de voo restringe geralmente o adulto à vizinhança geral do local de desenvolvimento das larvas. Estes locais são geralmente solos húmidos e ricos em matéria orgânica. No Novo Mundo, as moscas são frequentemente encontradas perto de contrafortes de árvores e grutas. Nos Estados Unidos, *a Lutzomyia shannon!* foi encontrada associada a florestas de folhosas e às transições ecológicas de folhosas para prados. As moscas adultas foram mais raramente recolhidas em florestas sempre verdes ou em campos agrícolas. Em ambientes mais áridos, como em grande parte da sua área de distribuição no Velho Mundo, as moscas da areia estão frequentemente associadas a solos contaminados de abrigos de animais domésticos, termiteiras e tocas de roedores. Também podem ocorrer nos solos de terra das habitações humanas.

Foram descritas mais de 500 espécies de moscas da areia de várias partes do mundo, sendo a maioria atribuída a três géneros: *Phlebotomus* e *Sergentomyia* do Velho Mundo, e *Lutzomyia* do Novo Mundo. Os vectores no Velho Mundo provêm principalmente do género *Phlebotomus',* e no Novo Mundo, exclusivamente de *Lutzomyia.* Apenas algumas dezenas de espécies são conhecidas como vectores de doenças humanas. Embora várias espécies, e mesmo outros géneros, tenham sido sugeridos como potenciais vectores, os critérios aceites para incriminar vectores são rigorosos e difíceis de satisfazer. Esses critérios são os seguintes:

1. As espécies de mosquito-da-areia devem alimentar-se de seres humanos e do hospedeiro reservatório.
2. O agente da doença deve ser repetidamente isolado de moscas da areia capturadas na natureza.
3. O mosquito-da-areia tem de ocorrer no local geográfico onde a doença se manifesta.
4. O mosquito da areia tem de suportar o desenvolvimento completo do parasita.
5. O mosquito-da-areia deve ser capaz de transmitir o parasita a um hospedeiro suscetível enquanto toma uma refeição de sangue.[5]

CAPÍTULO 4

Biologia do parasita Leishmania

Agente causal:

A leishmaniose é uma doença transmitida por vectores e causada por protozoários intracelulares obrigatórios do género *Leishmania.* A infeção humana é causada por cerca de 21 das 30 espécies que infectam os mamíferos. Estas incluem o complexo *L. donovani* com 2 espécies (L. *donovani, L. infantum* [também conhecida como *L. chagasi* no Novo Mundo]); o complexo *L. mexicana* com 3 espécies principais *(L. mexicana, L. amazonensis,* e *L. venezuelensis)', L. tropica', L. major, L. aethiopica',* e o subgénero *Viannia* com 4 espécies principais [L. *(V.) braziliensis, L. (V.) guyanensis, L. (V.) panamensis,* e *L. (V.) peruviana].* As diferentes espécies são morfologicamente indistinguíveis, mas podem ser diferenciadas por análise isoenzimática, métodos moleculares ou anticorpos monoclonais.

Ciclo de vida:

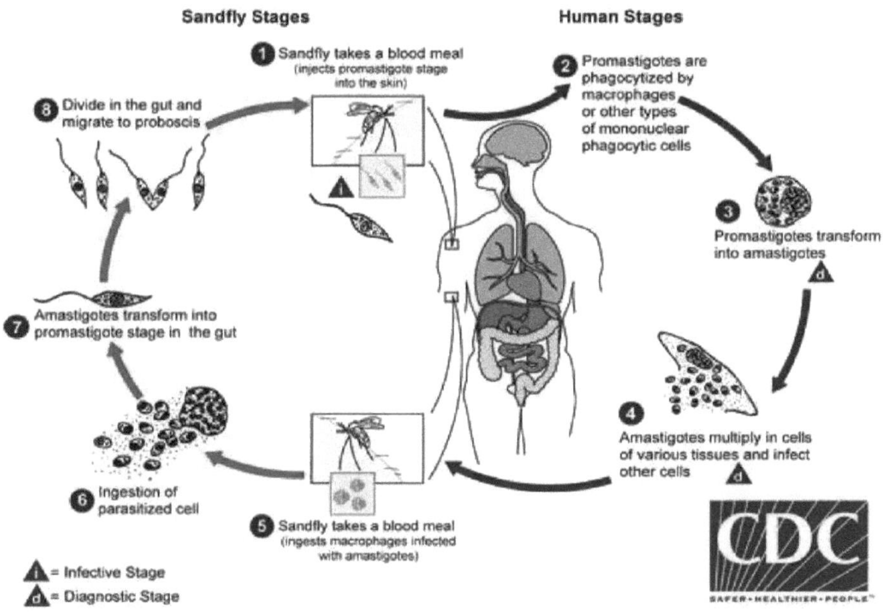

A leishmaniose é transmitida pela picada de flebotomíneos fêmeas infectadas. Os flebótomos injectam o estádio infecioso (ou seja, promastigotas) a partir da sua probóscide durante a refeição de sangue. As promastigotas que atingem a ferida da punção são fagocitadas por macrófagos ©e outros tipos de células fagocíticas mononucleares. Nestas células, as promastigotas transformam-se na fase tecidular do parasita (ou seja, amastigotas) 0, que se multiplicam por divisão simples e infectam outras células fagocíticas mononucleares <&. O parasita, o hospedeiro e outros factores afectam o facto de a infeção se tornar sintomática e de resultar em leishmaniose cutânea ou visceral. Os flebotomíneos são infectados através da ingestão de células infectadas durante as refeições de sangue (0,0 . Nos flebótomos, os amastigotas transformam-se em promastigotas, desenvolvem-se no intestino © (no intestino grosso para os organismos leishmaniais do subgénero *Viannia*; no intestino médio para os organismos do subgénero *Leishmania*) e migram para a probóscide©.[6]

CAPÍTULO 5

Formas clínicas da leishmaniose

Leishmaniose cutânea:

A leishmaniose cutânea é a forma mais comum da doença. Produz geralmente úlceras nas partes expostas do corpo, como a face, os braços e as pernas. Pode haver um grande número de lesões - por vezes até 200 - que podem causar incapacidade grave. Quando as úlceras cicatrizam, deixam invariavelmente cicatrizes permanentes, que são frequentemente objeto de graves preconceitos sociais.(7)

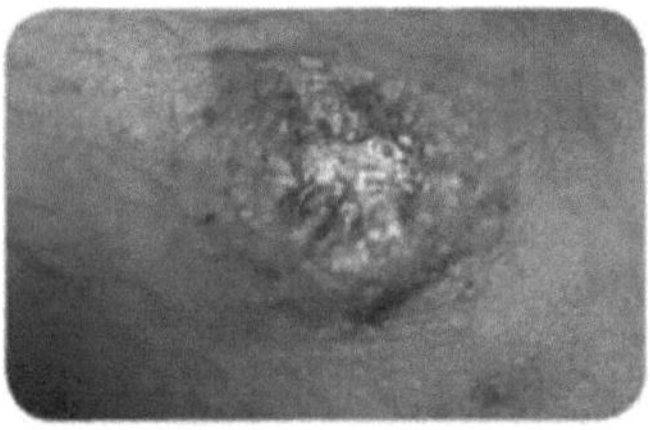

A leishmaniose cutânea (também conhecida como ferida oriental, ferida tropical, úlcera de chiclero, úlcera de chiclero ou furúnculo de Aleppo) é a forma mais comum de leishmaniose que afecta os seres humanos. Trata-se de uma infeção cutânea causada por um parasita unicelular que é transmitido pela picada de um flebotomíneo. Existem cerca de vinte espécies de *Leishmania* que podem causar leishmaniose cutânea.

Esta doença é considerada uma zoonose (uma doença infecciosa naturalmente transmissível dos animais vertebrados ao homem), com exceção da *Leishmania tropica* - que é frequentemente uma doença antroponótica (uma doença infecciosa naturalmente transmissível do homem aos animais vertebrados).(8)

Esta é a forma mais comum de leishmaniose, tanto em geral como nos viajantes dos EUA. Salvo indicação em contrário, a leishmaniose cutânea refere-se à leishmaniose cutânea localizada, e não a formas muito menos comuns, como a leishmaniose cutânea difusa e a leishmaniose cutânea disseminada. Diferentes espécies *de Leishmania* causam a leishmaniose cutânea do Velho Mundo e do Novo Mundo (americano). No Velho Mundo (o hemisfério oriental), os agentes etiológicos incluem *Leishmania tropica, L. major* e *L. aethiopica,* bem como *L. infantum* e *L. donovani.* As principais espécies no Novo Mundo (o Hemisfério Ocidental) pertencem ao complexo de espécies *L. mexicana (L. mexicana, L. amazonensis* e *L. venezuelensis)* ou ao subgénero *Viannia (L. [V.] braziliensis, L. [V.] guyanensis, L. [V.] panamensis* e *L. [V.] peruviana).* O subgénero *Viannia* é também referido como o complexo de espécies *L. (V.) braziliensis.*

Em geral, a leishmaniose cutânea provoca lesões na pele, que podem persistir durante meses, por vezes anos. As lesões cutâneas desenvolvem-se geralmente dentro de algumas semanas ou meses após a exposição, mas ocasionalmente aparecem pela primeira vez anos mais tarde (por exemplo, no contexto de traumatismo ou imunossupressão). As lesões evoluem tipicamente de pápulas para placas nodulares e para lesões ulcerativas, com um rebordo elevado e uma depressão central, que podem ser cobertas por uma crosta ou crosta; algumas lesões persistem como nódulos. As lesões são normalmente indolores, mas podem ser dolorosas, especialmente se as lesões ulcerativas forem infectadas por bactérias ou se estiverem perto de uma articulação. O processo de cicatrização resulta, normalmente, numa cicatriz atrófica.

Mesmo os doentes com leishmaniose cutânea localizada desenvolvem muito frequentemente mais do que uma lesão primária (na mesma parte do corpo ou em partes diferentes), lesões satélite, linfadenopatia regional (ocasionalmente bubónica) e/ou linfangite nodular (nódulos subcutâneos semelhantes a esporotricóides). Por vezes, a linfadenopatia é notada primeiro, antes do desenvolvimento das lesões cutâneas.[9]

A LC é caracterizada por lesões cutâneas (feridas abertas ou fechadas), que se desenvolvem normalmente várias semanas ou meses após a exposição. Nalgumas pessoas, as feridas aparecem pela primeira vez meses ou anos mais tarde, no contexto de um traumatismo (como feridas na pele ou cirurgia). As feridas podem mudar de tamanho e de aspeto ao longo do tempo. Normalmente, evoluem de pequenas pápulas para placas nodulares e, muitas vezes, conduzem a feridas abertas com um rebordo elevado e uma cratera central (úlcera), que podem ser cobertas por escamas ou crostas. As lesões são normalmente indolores, mas podem ser dolorosas, especialmente se as feridas abertas forem infectadas por bactérias. Podem ser observadas lesões satélite, linfadenopatia regional e linfangite nodular. Normalmente, as feridas acabam por sarar, mesmo sem tratamento. No entanto, podem durar meses ou anos e, normalmente, resultam em cicatrizes.

Uma preocupação potencial aplica-se a algumas das espécies de *Leishmania* na América do Sul e Central: alguns parasitas podem espalhar-se da pele para as superfícies mucosas do nariz ou da boca e aí causar feridas. Esta forma de leishmaniose, a leishmaniose mucosa (LM), pode não ser detectada até anos depois de as feridas cutâneas originais parecerem ter sarado. Embora a LM seja pouco frequente, tem ocorrido em viajantes e expatriados cujos casos de LC não foram tratados ou foram tratados de forma inadequada. As manifestações clínicas iniciais envolvem tipicamente o nariz (congestão crónica, hemorragia e mucosa inflamada ou feridas) e, menos frequentemente, a boca; em casos avançados, pode observar-se destruição ulcerativa do nariz, boca, faringe e laringe (tal como perfuração do septo nasal).

Os médicos devem considerar a LC em pessoas com lesões cutâneas crónicas (que não cicatrizam) e que tenham estado em áreas onde existe leishmaniose. A confirmação laboratorial do diagnóstico é conseguida através da deteção de parasitas *de Leishmania* (ou ADN) em tecido infetado, através de exame microscópico ligeiro de amostras coradas, técnicas de cultura ou métodos moleculares.

Os testes serológicos não são geralmente úteis para a LC, mas podem fornecer provas de apoio ao diagnóstico da LM.

O agente oral miltefosina está aprovado pela FDA para o tratamento da LC causada por 3 espécies do Novo Mundo do subgénero *Viannia [Leishmania* (V.) *braziliensis, L.* (V.) *panamensis* e L. (V.) *guyanensis]*, bem como para a LM causada por *L.* (V.) *braziliensis* em adultos e adolescentes com mais de 12 anos de idade, com peso superior a 30 kg e que não estejam grávidas ou a amamentar durante o tratamento ou nos 5 meses seguintes.

Não existem vacinas ou medicamentos para prevenir a infeção. As medidas preventivas destinam-se a reduzir o contacto com as moscas da areia através da utilização de medidas de proteção pessoal. Os viajantes devem ser aconselhados a:

- Evitar, na medida do possível, as actividades ao ar livre, especialmente do anoitecer ao amanhecer, altura em que as moscas da areia estão geralmente mais activas.

- Usar vestuário de proteção e aplicar repelente de insectos na pele exposta e sob as extremidades do vestuário, como mangas e pernas das calças, de acordo com as instruções do fabricante.
- Dormir em locais com ar condicionado ou bem protegidos. Pulverizar os quartos com inseticida pode proporcionar alguma proteção. As ventoinhas ou os ventiladores podem inibir o movimento das moscas da areia, que têm um voo fraco.

As moscas da areia são tão pequenas (aproximadamente 2-3 mm, menos de um oitavo de polegada) que conseguem passar pelos buracos dos mosquiteiros normais. Embora existam redes de tecido apertado, estas podem ser desconfortáveis em climas quentes. A eficácia dos mosquiteiros pode ser melhorada através de um tratamento com um inseticida contendo piretróides. O mesmo tratamento pode ser aplicado às telas das janelas, cortinas, lençóis e vestuário.[10]

Leishmaniose mucocutânea

Na leishmaniose mucocutânea, as lesões podem levar à destruição parcial ou total das membranas mucosas das cavidades do nariz, da boca e da garganta e dos tecidos circundantes. Esta forma incapacitante de leishmaniose pode levar a que o doente seja rejeitado pela comunidade.[11]

- A Leishmaniose Mucocutânea (LMC) é a forma mais invulgar de Leishmaniose. É semelhante à forma cutânea, mas depois a infeção invade (após muitos anos) as membranas mucosas, causando uma destruição grave da pele e dos tecidos da boca e da cavidade nasal

- É causada por cerca de 4 espécies diferentes de protozoários Leishmania, que se encontram principalmente em certos países da América do Sul. A leishmaniose mucocutânea é uma infeção mal compreendida, mas acredita-se que se desenvolve devido a uma inadequada ou completa falta de tratamento da leishmaniose cutânea

- A Leishmaniose mucocutânea é caracterizada pelo envolvimento da pele e das mucosas com a formação de lesões que se espalham localmente e mutilam gravemente a face. Isto pode ser acompanhado por febre, fadiga e doença geral. As complicações podem incluir infecções secundárias e destruição completa da face (particularmente a região à volta da boca e do nariz)

- O tratamento da Leishmaniose Mucocutânea envolve medicamentos e

aplicações tópicas. Baseia-se no tipo e na gravidade da infeção. Uma vez que a infeção humana pode ser causada por muitas espécies diferentes de Leishmania, o tratamento também depende da localização geográfica. Nos casos graves, pode ser necessária uma cirurgia reparadora
- O prognóstico depende da rapidez do tratamento adequado. O prognóstico da Leishmaniose Mucocutânea é geralmente satisfatório, mas as complicações graves podem resultar em lesões faciais irreversíveis e desfiguração

Indivíduos de todas as idades correm o risco de contrair Leishmaniose Mucocutânea, se forem expostos a picadas de flebótomos. Não há preferência por género, raça ou etnia. No entanto, a Leishmaniose Mucocutânea é endémica em determinadas regiões do mundo, conforme indicado abaixo:

- Os países latino-americanos constituídos pelo Brasil, Bolívia e Peru são responsáveis por quase 90% dos casos; outros países incluem a Colômbia, o Paraguai e a Venezuela
- Países africanos, incluindo a Etiópia, o Sudão, o Quénia e a Namíbia.

Atualmente, o principal fator de risco para a leishmaniose mucocutânea é um tratamento inadequado ou incorreto da leishmaniose cutânea. No entanto, em alguns casos, o envolvimento da pele e das mucosas ocorre simultaneamente; a forma cutânea surge com a forma mucocutânea.

Em geral, os factores de risco para a Leishmaniose Mucocutânea podem incluir

- Viver ou visitar certos países da América do Sul e de África

- As condições climáticas e as alterações ambientais podem aumentar o risco de Leishmaniose. Estas incluem a desflorestação, o desenvolvimento e a expansão das cidades e a construção de barragens

- De acordo com a Organização Mundial de Saúde (OMS), certos indicadores socioeconómicos apontam para um maior risco de infeção. Estes incluem:
-
    - Pobreza
    - Desnutrição
    - Fome
    - Analfabetismo
    - Falta de saneamento e de higiene adequada
    - Migração e colonização em grande escala
- Os indivíduos com um sistema imunitário fraco devido a factores como a infeção pelo VIH ou outras doenças têm maior probabilidade de contrair Leishmaniose
- A leishmaniose é mais frequente nas aldeias e nas pequenas cidades (sobretudo na periferia) do que nas cidades

É importante notar que ter um fator de risco não significa que se venha a ter a doença.

Um fator de risco aumenta as hipóteses de contrair uma doença em comparação com um indivíduo sem os factores de risco. Alguns factores de risco são mais importantes do que outros.

A leishmaniose é uma doença infecciosa causada pela picada de flebótomos, pequenos insectos voadores mais pequenos do que os mosquitos e menos ruidosos. Os flebótomos transmitem os organismos Leishmania, que são protozoários parasitas, no sangue, causando a infeção.

- No entanto, a causa exacta do desenvolvimento da Leishmaniose Mucocutânea, que ocorre por vezes após alguns meses ou após vários anos (mesmo mais de 20 anos) devido ao mau tratamento ou à ausência de tratamento da Leishmaniose Cutânea, é geralmente desconhecida. Pensa-se que o parasita invade as membranas mucosas depois de ter atacado primeiro a pele

- No entanto, nem todos os casos de Leishmaniose Mucocutânea surgem a partir da forma cutânea. Em alguns casos, os tipos mucocutâneo e cutâneo ocorrem em conjunto; noutros casos, o tipo mucocutâneo pode seguir-se imediatamente ao tipo cutâneo

- Foram identificadas e estudadas mais de 4 espécies diferentes de parasitas Leishmania. Algumas delas incluem:

    - L. amazonensis
    - L. (Viannia) braziliensis
    - L. (V.) guyanensis
    - L. (V.) panamensis

Os sinais e sintomas da Leishmaniose Mucocutânea incluem:

- Os sintomas iniciais podem assemelhar-se aos da leishmaniose cutânea

- Afecta a pele e as membranas mucosas, principalmente da cavidade oral (boca e garganta) e do nariz

- As lesões cutâneas (devidas à leishmaniose cutânea) podem sarar espontaneamente, mas reaparecem noutros locais como lesões mucocutâneas que podem ser gravemente prejudiciais para as membranas mucosas e para a pele

- Nariz entupido e dificuldades respiratórias persistentes

- Hemorragia nasal

- Formação de múltiplas úlceras que se espalham pela boca e pelo nariz;

perfurações da mucosa

- Hemorragia e ulceração; não há envolvimento do osso, mas o envolvimento da pele e dos tecidos está presente
- Desfiguração do rosto e da boca

O exame físico, a avaliação dos sinais e sintomas e a avaliação da história clínica do indivíduo infetado podem ser indicativos de Leishmaniose Mucocutânea. No entanto, o profissional de saúde pode efetuar os seguintes testes para diagnosticar definitivamente a doença:

- Algumas análises ao sangue para detetar anticorpos contra o parasita
- Teste cutâneo de Montenegro: Geralmente não é um método muito eficaz para ajudar no diagnóstico
- Teste de ADN (hibridação) e PCR
- Biópsia de uma lesão cutânea
- Deteção do agente patogénico através de métodos de coloração
- Exame de tecidos ao microscópio para detetar o parasita

Normalmente, a Leishmaniose Mucocutânea não é uma doença fatal. No entanto, se não for tratada (ou se for tratada de forma inadequada), pode levar a complicações como

- Cicatrização grave da pele, distorção do perfil facial (pode ser grave e incapacitante)
- A desfiguração facial pode necessitar de cirurgia estética
- Infecções secundárias de bactérias, vírus ou fungos
- Hemorragia grave
- Infecções mortais devido a danos no sistema imunitário
- Ostracismo social e humilhação devido a desfiguração grave, especialmente do rosto

O tratamento da leishmaniose mucocutânea varia de pessoa para pessoa. Antes de iniciar o tratamento, recomenda-se geralmente uma consulta adequada com os especialistas em doenças infecciosas e os responsáveis pela saúde pública. As medidas de tratamento incluem:

- Medicamentos orais e pomadas/aplicações tópicas para lesões cutâneas: As úlceras não desaparecem por si só sem tratamento adequado
- Se as úlceras cicatrizarem e causarem uma desfiguração estética, pode ser efectuada uma cirurgia plástica. Pode ser necessária uma cirurgia reparadora para o rosto e o nariz
- Medicamentos intravenosos (que podem incluir injecções intramusculares)
- Para infecções fúngicas (secundárias) que se desenvolvem devido à Leishmaniose, são prescritos medicamentos antifúngicos

Atualmente, não foi descoberta nenhuma vacina para prevenir a Leishmaniose. Está a ser feita investigação para desenvolver uma vacina o mais rapidamente possível. No entanto, podem ser tomadas as seguintes medidas de prevenção e precaução para reduzir a propagação e o impacto da Leishmaniose Mucocutânea:

- Efetuar um tratamento imediato, eficaz e adequado da leishmaniose cutânea. Este é um passo muito importante para a prevenção da Leishmaniose Mucocutânea
- Evitar ou limitar a exposição a picadas de mosquito da areia
- Usar vestuário de proteção, como mangas compridas, calças compridas e meias, para proteger a pele das picadas dos insectos; minimizar as áreas de pele exposta
- Utilizar repelentes de insectos que contenham DEET, permetrina ou deltametrina; a roupa e a cama podem ser adequadamente pulverizadas com os repelentes
- Impedir a entrada de flebótomos nas casas, mantendo as janelas e as portas devidamente fechadas; usar redes de cama de malha fina (que são enfiadas no colchão) durante o sono
- Os flebótomos são mais activos durante o crepúsculo ou à noite; conhecendo o seu padrão, é possível tomar medidas para minimizar as actividades ao ar livre ou tomar medidas preventivas adequadas contra as picadas
- Os cães podem ser equipados com coleiras que contêm repelentes de insectos
- Devem ser incentivadas estratégias locais (específicas para cada comunidade ou localidade) e o desenvolvimento comunitário para eliminar a leishmaniose.

- O diagnóstico precoce e o tratamento imediato da Leishmaniose Mucocutânea resultam geralmente num resultado satisfatório

- Um tratamento tardio ou incompleto pode levar a uma desfiguração permanente ou a uma mutilação grave do rosto
- Em geral, o prognóstico da leishmaniose mucocutânea é melhor do que a forma visceral, mas pior do que a forma cutânea da leishmaniose.

Os animais, como cães, ratos e gado, também podem ser infectados pela Leishmaniose. De acordo com a Organização Mundial de Saúde, mais de 70 espécies de animais actuam como hospedeiros do organismo da Leishmania (12)

Leishmaniose cutânea difusa:

A leishmaniose cutânea disseminada é caracterizada pela presença de um grande (> ou =10) número de lesões em vários locais anatómicos (cabeça, membros e tronco). A maioria das lesões são pequenas, papulares e aparecem simultaneamente ou secundariamente a uma ou várias lesões ulceradas da leishmaniose cutânea localizada.[13]

O caso de CL difusa foi relatado pela primeira vez por Convit e Lapenta da Venezuela, no Novo Mundo, e depois por Destombes et al. da Etiópia, no Velho

Mundo.[14]

Descrevem-se as caraterísticas clínicas e histológicas de 33 casos de leishmaniose cutânea difusa (LCD) observados na Etiópia. A doença começa como um nódulo, geralmente num membro. Após um período de meses ou anos, durante o qual a lesão inicial pode raramente ulcerar, ou mesmo desaparecer, começa a espalhar-se localmente e aparecem metástases à distância na face, braços e pernas; na sua aparência e distribuição, têm alguma semelhança com a lepra. A doença propaga-se lentamente, não ulcera, não invade as vísceras e não cicatriza. O doente mantém-se extraordinariamente bem e não se observam anomalias constantes no sangue ou na urina. Os esfregaços das lesões mostram numerosos amastigotas (corpos L-D). A histologia é caracterizada por uma epiderme fina e uma infiltração dérmica intensa com macrófagos, muitos deles vacuolados e repletos de parasitas; os linfócitos estão ausentes ou são escassos. Sob a influência do tratamento, a histologia muda para tuberculoide. O teste cutâneo da leishmanina é negativo.

São apresentadas as razões pelas quais a LDC na Etiópia não é uma leishmaniose dérmica pós-calazar, e são apresentadas as caraterísticas que a distinguem da simples ferida oriental. Foi feita uma tentativa de correlacionar os achados clínicos e histológicos e de mostrar que, enquanto a distribuição das lesões é uma caraterística do parasita, o aparecimento das lesões e a sua histologia são uma caraterística da resposta imunitária do hospedeiro. É apresentada uma classificação histológica, que indica o estado da resposta imunitária celular do doente. Na DCL não tratada, esta resposta está ausente. O estado de reação não é útil ou protetor. A frequência com que a lesão linfática foi observada nestes casos é considerada como uma possível causa, em oposição ao efeito, da doença.[15]

Leishmaniose visceral:

A leishmaniose visceral, também conhecida como calazar, é caracterizada por episódios irregulares de febre, perda substancial de peso, inchaço do baço e do fígado e anemia (que pode ser grave).

Se a doença não for tratada, a taxa de mortalidade nos países em desenvolvimento pode atingir 100% em 2 anos. [16]

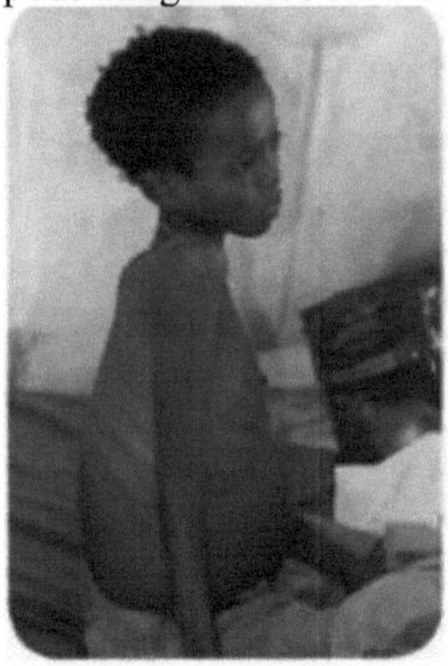

A Leishmaniose Visceral (LV), também conhecida como calazar no subcontinente indiano, é causada pelos protozoários parasitas *Leishmania donovani* e *Leishmania infantum (= Leishmania chagasi),* e é uma doença potencialmente fatal com distribuição mundial, na Ásia, África Oriental, América do Sul e região do Mediterrâneo. Os parasitas são transmitidos através da picada de fêmeas de flebotomíneos e, no hospedeiro humano, são parasitas intracelulares obrigatórios do sistema reticuloendotelial, sobrevivendo e multiplicando-se em diferentes populações de macrófagos. Nos doentes que desenvolvem sintomas, a apresentação é insidiosa com o desenvolvimento de esplenomegalia, febres irregulares, anemia, pancitopenia, perda de peso e fraqueza que ocorrem progressivamente ao longo de um período de semanas ou mesmo meses. Quase todos os doentes clinicamente sintomáticos (não imunes) morrem no espaço de meses se não forem tratados. A infeção subclínica em portadores humanos parcialmente imunes pode ser um importante reservatório de infeção. Outros mamíferos, frequentemente canídeos, quer domesticados quer selvagens, actuam como um reservatório zoonótico adicional de infeção, especialmente de *L. infantum.*

A leishmaniose visceral persiste atualmente em zonas pobres, remotas e em certas zonas politicamente instáveis, onde os cuidados de saúde são limitados e os doentes têm pouco acesso a medicamentos a preços acessíveis. Quase metade dos casos clínicos ocorre em crianças. Estima-se que cerca de 90% dos 200 000 a 400 000 novos casos que surgem todos os anos ocorrem nas zonas rurais dos países do Sul da Ásia (Índia, Nepal e Bangladesh), Sudão, Etiópia e Brasil, e que apenas 30% dos casos são notificados. Ocorrem epidemias com elevada mortalidade tanto em adultos como em crianças e, em algumas áreas, têm sido associadas a movimentos maciços de populações não imunes de ou para áreas endémicas, como ocorreu no Sudão na década de 1990, com a perda de centenas de milhares de vidas. É cada vez mais preocupante o facto de a co-infeção da leishmaniose visceral com o VIH estar a provocar a propagação da doença a zonas anteriormente não afectadas do sul da Europa, da Etiópia e da Índia.

A quimioterapia continua a ser o elemento mais importante no controlo da leishmaniose visceral antroponótica. O diagnóstico definitivo é invasivo e ainda se baseia na demonstração dos parasitas em material de biópsia. Os diagnósticos por vareta (baseados em anticorpos) recentemente introduzidos oferecem uma melhoria considerável na deteção de casos e na epidemiologia, mas têm um papel limitado na determinação da eficácia dos medicamentos e da cura. Em todas as áreas, o controlo da leishmaniose visceral é limitado pelo acesso dos doentes a centros de tratamento com pessoal formado (especialmente na África rural), bem como pelo custo e disponibilidade dos medicamentos. A recente introdução de um tratamento oral para a leishmaniose visceral na Índia, a miltefosina, suscitou esperanças de melhoria do tratamento, mas, ao mesmo tempo, também suscitou preocupações quanto à segurança, à adesão dos doentes e a uma possível utilização sub-óptima que conduza rapidamente ao desenvolvimento de resistência.

Melhores diagnósticos, nomeadamente baseados em antigénios em vez de anticorpos, que sejam simples de utilizar e não invasivos, juntamente com um tratamento de curta duração seguro, eficaz e acessível, poderiam conduzir a um controlo eficaz da doença. A vontade política dos países afectados e as infra-estruturas necessárias são outros factores essenciais para a eliminação do calazar como problema de saúde pública.[(17)]

Na leishmaniose, os protozoários intracelulares obrigatórios são transmitidos aos mamíferos através da picada da minúscula fêmea de 2 a 3 mm do mosquito da areia do género *Phlebotomus* no Velho Mundo (hemisfério oriental) e *Lutzomyia* no Novo Mundo (hemisfério ocidental).

A picada de um mosquito da areia infetado é suficiente para causar a doença, porque um mosquito da areia pode egerir mais de 1000 parasitas por picada. Tradicionalmente divididos entre parasitas do Velho Mundo e do Novo Mundo, foram identificadas mais de 20 espécies patogénicas de *Leishmania*' cerca de 30 das 500 espécies conhecidas de flebotomíneos foram positivamente identificadas como vectores da doença.

O mosquito da areia tem normalmente metade a um terço do tamanho de um mosquito (ver imagem abaixo). As infecções por leishmaniose são consideradas doenças zoonóticas, porque para a maioria das espécies de *Leishmania,* é necessário um reservatório animal para que as condições endémicas persistam. Os seres humanos são geralmente considerados hospedeiros acidentais. As infecções em animais selvagens não são normalmente patogénicas, com exceção dos cães, que podem ser gravemente afectados.

Os hospedeiros comuns do Velho Mundo são os cães domésticos e selvagens, roedores, raposas, chacais, lobos, cães de corrida e hyraxes. Os hospedeiros comuns do Novo Mundo incluem preguiças, tamanduás, gambás e roedores. O reservatório de infeção para o calazar indiano é o ser humano, enquanto que para o calazar africano são os roedores, no Brasil e na Ásia Central são as raposas e para o calazar mediterrânico e chinês são os caninos. Outros reservatórios mamíferos para o parasita *Leishmania* incluem os equídeos e os macacos.

Os modos de transmissão pouco comuns incluem a transmissão congénita, picadas de agulha contaminadas, transfusão de sangue, relações sexuais e, raramente, inoculação de culturas. Embora exista uma documentação clara do potencial da leishmaniose associada à transfusão, há menos certeza de uma documentação clara da ocorrência real da doença relacionada com a transfusão, porque a maioria dos casos na literatura ocorre em áreas endémicas do mundo.

Na Índia, a leishmaniose visceral causada por *L donovani* não parece ter um reservatório animal e pensa-se que é transmitida através da interação homem-mosca-homem.[(18)]

Algumas pessoas têm uma infeção silenciosa, sem quaisquer sintomas ou sinais. As pessoas que desenvolvem sinais clínicos de infeção têm geralmente febre, perda de peso, aumento (inchaço) do baço e do fígado e análises sanguíneas anormais. As pessoas podem ter contagens sanguíneas baixas, incluindo uma contagem baixa de glóbulos vermelhos (anemia), uma contagem baixa de glóbulos brancos (leucopenia) e uma contagem baixa de plaquetas (trombocitopenia).[(19)]

A resposta à infeção por *Leishmania donovani* varia muito, não só pela força, mas também pelo tipo de reação imunitária do doente. As pessoas com antecedentes de infeção por estirpes de leishmania que causam leishmaniose visceral apresentam um contínuo de respostas imunitárias, desde protectoras a não protectoras. As pessoas que adquiriram imunidade protetora (teste cutâneo positivo) sem nunca terem tido leishmaniose visceral têm uma forte resposta CD4+ do tipo 1 aos antigénios da leishmania. O interferão-gama específico do antigénio e a proliferação, bem como a capacidade de matar a leishmania intracelular, são caraterísticas da imunidade protetora. Uma vez que os doentes com leishmaniose visceral não têm estas respostas à leishmania e a outros antigénios, normalmente morrem de infecções secundárias se não forem tratados. Além disso, o aumento da secreção de interleucina-10 é caraterístico da doença. A adição de interleucina-12, anti-interleucina-10 ou anti-interleucina-4 a células mononucleares do sangue periférico de doentes agudos aumenta por vezes a secreção e a proliferação de interferão-gama. As células mononucleares do sangue periférico de doentes agudos incluem células reguladoras T CD8+ que diminuem a secreção de interferão-gama e as respostas de proliferação à leishmania e a outros antigénios e aumentam a secreção de interleucina-10 quando adicionadas a células mononucleares autólogas do sangue periférico colhidas após um tratamento bem sucedido. Assim, as células reguladoras T CD8+ reproduzem a resposta imunitária caraterística da leishmaniose visceral. As células reguladoras T CD8+ também estão associadas à leishmaniose dérmica pós kala azar. A adição de interleucina-12 ou interferão-gama não impede a atividade reguladora T CD8+. O predomínio de células T CD4+ de tipo 1 em adultos com testes cutâneos positivos pode ser explicado pela sua secreção de factores que inibem e matam as células T reguladoras CD8+. Os doentes tratados com sucesso raramente desenvolvem leishmaniose visceral uma segunda vez. As suas células mononucleares do sangue periférico mostram uma resposta mista T1/T2 CD4+ e CD8+ T supressora, mas têm a capacidade de matar a leishmania intracelular.

Quando as pessoas desenvolvem leishmaniose visceral, os sintomas mais típicos são a febre e o aumento do baço, sendo por vezes também observado um aumento do fígado. O escurecimento da pele que deu à doença o seu nome comum na Índia não aparece na maioria das estirpes da doença e os outros sintomas são muito fáceis de confundir com os da malária. O diagnóstico incorreto é perigoso, uma vez que, sem tratamento adequado, a taxa de mortalidade do calazar é próxima dos 100%. No entanto, *a L. donovani* em si não é normalmente a causa direta da morte dos doentes de calazar. A pneumonia, a tuberculose e a disenteria são omnipresentes nas regiões deprimidas onde a leishmaniose se desenvolve e, tal como acontece com a SIDA, são estas infecções oportunistas que têm mais probabilidades de matar, surgindo num hospedeiro cujo sistema imunitário foi enfraquecido pela infeção por *L. donovani*. A evolução da doença é extremamente variável, podendo durar entre uma e vinte semanas, mas a duração típica da estirpe sudanesa da doença é mais limitada, entre doze e dezasseis semanas.

Mesmo com a recuperação, o kala-azar nem sempre deixa os seus hospedeiros sem marcas. Algum tempo depois de um tratamento bem sucedido - geralmente alguns meses no caso do calazar africano, ou até vários anos no caso da estirpe indiana - pode instalar-se uma forma secundária da doença, chamada leishmaniose dérmica pós-calazar, ou PKDL. Esta doença manifesta-se primeiro como pequenas lesões cutâneas no rosto, semelhantes ao sarampo, que aumentam gradualmente de tamanho e se espalham pelo corpo. Eventualmente, as lesões podem coalescer e formar estruturas desfigurantes e inchadas, semelhantes à lepra, e ocasionalmente causar cegueira se se espalharem para os olhos. (Esta doença não é a mesma que a leishmaniose cutânea, uma doença mais ligeira causada por outro protozoário do género Leishmania que também provoca lesões cutâneas).

São conhecidas duas espécies de *Leishmania* que dão origem à forma visceral da doença. A espécie comummente encontrada na África Oriental e no subcontinente indiano é a *L. donovani* e a espécie encontrada na Europa, no Norte de África e na América Latina é a *L. infantum,* também conhecida como *L. chagasi.*

Os insectos vectores são espécies de moscas da areia do género *Phlebotomus*, no Velho Mundo, e *Lutzomyia*, no Novo Mundo. Os flebótomos são moscas minúsculas, medindo 3-6 mm de comprimento por 1,5-3 mm de diâmetro, e encontram-se em regiões tropicais ou temperadas de todo o mundo. As larvas crescem em matéria orgânica quente e húmida (como árvores velhas, paredes de casas ou lixo), o que as torna difíceis de erradicar.

O ciclo de vida da *Leishmania* completa-se em dois hospedeiros, os seres humanos e os flebótomos. A fêmea adulta do mosquito da areia é uma sugadora de sangue, alimentando-se normalmente à noite de presas adormecidas. Quando a mosca pica um indivíduo infetado com *Leishmania,* o agente patogénico é ingerido juntamente com o sangue da presa. O protozoário está na menor das suas duas formas, chamada amastigota, que é redonda, não móvel e tem apenas 3-7 micrómetros de diâmetro. Dentro do estômago do mosquito da areia, os amastigotas transformam-se rapidamente em formas alongadas e móveis chamadas promastigotas. O promastigota tem forma de fuso, o triplo do tamanho do amastigota e tem um único flagelo que permite a mobilidade. As promastigotas vivem extracelularmente no canal alimentar, reproduzindo-se assexuadamente, e depois migram para a extremidade proximal do intestino, onde ficam prontas para uma transmissão regurgitacional. Quando a mosca pica, as promastigotas são libertadas da probóscide e introduzidas localmente no local da picada.

Uma vez dentro do hospedeiro humano, as promastigotas invadem os macrófagos. No interior das células, voltam a transformar-se na forma amastigota mais pequena. Os amastigotas replicam-se na parte mais hostil da célula macrofágica, no interior do fagolisossoma, cuja resposta defensiva normal conseguem evitar. Depois de se multiplicarem repetidamente, destroem a célula hospedeira por pura pressão da massa, mas especula-se recentemente que são capazes de sair da célula desencadeando a resposta de exocitose do macrófago.[1211] As células filhas dos protozoários migram então para células novas ou através da corrente sanguínea para encontrar novos hospedeiros. Desta forma, a infeção é progressiva, espalhando-se para o sistema de fagócitos mononucleares do hospedeiro, particularmente o baço e o fígado. As amastigotas livres nos tecidos periféricos são então ingeridas pelo mosquito da areia para entrar noutro ciclo.[(20)]

- A Leishmaniose Visceral (LV) é a forma mais grave de Leishmaniose que afecta todo o corpo e apresenta sinais e sintomas sistémicos. É causada principalmente por duas espécies distintas de protozoários Leishmania, que se encontram principalmente no sul da Ásia (subcontinente indiano), na África Oriental, em partes da América do Norte e do Sul e em partes da Europa.

- As pessoas que, em geral, pertencem a sectores economicamente mais fracos nas regiões endémicas, correm um risco elevado de infeção. As pessoas que permanecem ou viajam para as zonas rurais estão mais expostas do que as pessoas das zonas urbanas. No entanto, os indivíduos imunocomprometidos apresentam sinais e sintomas graves. Nestes, a Leishmaniose Visceral pode ser fatal.

- A Leishmaniose Visceral é caracterizada por febre, fraqueza, perda de peso, anemia e inchaço do fígado e do baço. Dependendo do tipo de infeção, as complicações podem incluir envolvimento da medula óssea, falência de órgãos e danos graves no sistema imunitário

- O tratamento da Leishmaniose Visceral envolve medicamentos e aplicações tópicas (quando a pele é afetada). Baseia-se no tipo e na gravidade da infeção. Uma vez que a infeção humana pode ser causada por diferentes espécies de

Leishmania, o tratamento também depende da localização geográfica. Nas pessoas com um sistema imunitário deficiente, é necessário tratar os problemas de saúde subjacentes
- O prognóstico depende da prontidão do tratamento, que pode trazer um melhor resultado. No entanto, em geral, o prognóstico da Leishmaniose Visceral é reservado. Depende do estado de saúde do indivíduo e da gravidade dos sinais e sintomas

Os factores de risco da Leishmaniose Visceral podem incluir:

- Indivíduos com um sistema imunitário fraco devido a factores como a infeção pelo VIH ou outras doenças incapacitantes
- Pessoas que vivem nos seguintes locais geográficos (trópicos e subtrópicos):
    - o África
    - o Ásia
    - o Médio Oriente
    - o América do Norte
    - o América do Sul
    - o Europa do Sul
- Viajar ou visitar locais onde a Leishmaniose Visceral é comum
- As condições climáticas e as alterações ambientais podem aumentar o risco de Leishmaniose. Estas incluem a desflorestação, o desenvolvimento e a expansão das cidades e a construção de barragens
- De acordo com a Organização Mundial de Saúde (OMS), certos indicadores socioeconómicos apontam para um maior risco de infeção. Estes incluem:
    - o Pobreza
    - o Desnutrição
    - o Fome
    - o Analfabetismo
    - o Falta de saneamento e de higiene adequada
    - o Migração e colonização em grande escala

-A leishmaniose é mais frequente nas aldeias e nas pequenas cidades (sobretudo na periferia) do que nas cidades.

É importante notar que ter um fator de risco não significa que se venha a ter a doença. Um fator de risco aumenta as hipóteses de contrair uma doença em comparação com um indivíduo sem os factores de risco. Alguns factores de risco são mais importantes do que outros.

A Leishmaniose Visceral é uma doença infecciosa causada pela picada de flebótomos, pequenos insectos voadores mais pequenos do que os mosquitos e menos ruidosos. Os flebótomos transmitem a Leishmania org "Foram identificadas e estudadas mais de 2 espécies diferentes de parasitas Leishmania que incluem:°L. donovani

°L. infantum

- Um mosquito da areia não infetado é infetado ao alimentar-se do sangue de pessoas ou animais infectados (como cães, gado, raposas ou roedores)
- Muito raramente, a transmissão também pode ocorrer durante os seguintes eventos:
- Transfusão de sangue
- Partilha de agulhas contaminadas
- As mulheres grávidas podem transmitir o parasita ao feto
- O risco de transmissão é elevado entre o amanhecer e o anoitecer, quando os flebótomos estão activos.

O exame físico, a avaliação dos sinais e sintomas e a avaliação da história clínica do indivíduo infetado podem ser indicativos de Leishmaniose Visceral. No entanto, o profissional de saúde pode efetuar os seguintes testes para diagnosticar definitivamente a doença:

- Análises ao sangue para detetar anticorpos contra o parasita
- É obtida uma amostra de tecido do baço, do fígado ou da medula óssea, que é observada ao microscópio para detetar o parasita
- Aspirado de medula óssea
- Pode também ser efectuada uma biopsia do gânglio linfático aumentado

Muitas condições clínicas podem ter sinais e sintomas semelhantes. O seu profissional de saúde pode efetuar exames adicionais para excluir outras condições clínicas e chegar a um diagnóstico definitivo.

A Leishmaniose Visceral afecta todo o corpo e pode ser uma doença fatal se não for tratada (ou se for tratada de forma inadequada). Pode levar a complicações que incluem:

-Hemorragia grave

-Infecções mortais devido a danos no sistema imunitário

-Anomalias renais; a insuficiência renal é uma possibilidade

-O trato gastrointestinal e os pulmões podem ser afectados

-Pode ser observado envolvimento da medula óssea.

Leishmaniose dérmica pós-Kala-Azar (PKDL): É uma condição que ocorre em 5-60% dos indivíduos com Leishmaniose Visceral (também conhecida como Kala-

Azar) após o tratamento. A doença afecta a face e outras partes do corpo. No entanto, sabe-se que alguns casos se resolvem automaticamente sem tratamento, enquanto outros podem necessitar de terapia adicional.[(21)]

A leishmaniose dérmica pós-calazar (PKDL), uma sequela cutânea da leishmaniose visceral (LV), desenvolve-se em alguns doentes paralelamente, mas mais frequentemente após a cura aparente da LV. Tendo em conta o papel fundamental dos doentes com PKDL na transmissão da LV, revemos aqui as perspectivas clínicas, epidemiológicas, parasitológicas e imunológicas desta doença, centrando-nos em cinco hipóteses para explicar o desenvolvimento da PKDL: (i) o papel dos fármacos antimoniais; (ii) lesões cutâneas induzidas pelos raios UV; (iii) reinfeção; (iv) falha específica de órgão das respostas das células T de memória; e (v) suscetibilidade genética do hospedeiro.)[(22]

A PKDL é uma complicação comum da leishmaniose visceral (LV) causada por Leishmania donovani. Devido ao seu possível papel na transmissão, é considerada um problema de saúde pública em áreas endémicas de LV. As caraterísticas clínicas incluem uma erupção cutânea constituída por máculas, pápulas ou nódulos num indivíduo saudável; esta apresentação é determinada pela resposta imunitária contra parasitas na pele que provavelmente persistiram do episódio anterior de LV. A resposta imunitária na LV, LV curada e PKDL é o resultado de alterações no perfil de citocinas que só em parte podem ser captadas na dicotomia Thl e Th2. As células T reguladoras e as células Th 17 também desempenham um papel importante. A LV é caracterizada por uma resposta imunitária ausente à Leishmania, com uma resposta predominantemente do tipo Th2 com níveis elevados de IL-10; após um tratamento bem sucedido, o doente ficará imune com caraterísticas in vitro de uma resposta do tipo Thl e in vivo com um teste cutâneo de leishmanina positivo. A PKDL assume uma posição intermédia com uma dissociação da resposta imunitária entre a pele e as vísceras, com uma resposta do tipo Th2 e Thl, respetivamente. É provável que as respostas imunitárias determinem as diferentes caraterísticas epidemiológicas e clínicas da PKDL na Ásia e em África; vários factores de risco para a PKDL podem influenciar esta situação, tais como o tratamento incompleto e inadequado da LV, a resistência do parasita e factores genéticos. Deve notar-se que a PKDL é uma doença heterogénea e dinâmica e que os doentes diferem no que diz respeito ao tempo de início após a leishmaniose visceral (LV), à cronicidade, à extensão e ao aspeto da erupção cutânea, incluindo as respostas imunitárias relacionadas, que podem variar ao longo do tempo. Uma melhor compreensão destas respostas imunitárias pode oferecer oportunidades de manipulação, incluindo a combinação de quimioterapia e imunoterapia para a LV, a fim de prevenir a ocorrência de PKDL e, de igual modo, para o tratamento de casos de PKDL crónicos ou resistentes ao tratamento.

A leishmaniose dérmica pós-calazar (LDPC) pode surgir após o tratamento da leishmaniose visceral (LV, calazar). Trata-se de um estado de doença intermédio antes da recuperação total da LV e caracteriza-se por uma erupção cutânea em torno de parasitas persistentes na ausência de parasitemia sistémica. Em alternativa, pode considerar-se a reinfeção após a LV. Pensa-se que estes doentes podem desempenhar um papel na transmissão da LV.

Após a infeção com parasitas leishmaniais através da picada do mosquito da areia, os indivíduos podem desenvolver LV com febre, hepatoesplenomegalia, perda de peso e pancitopenia; tipicamente com níveis elevados de anticorpos e imunidade celular ausente contra os parasitas Leishmania. Após um tratamento bem sucedido com medicamentos antileishmaniais, o doente torna-se imune, como pode ser demonstrado in vitro pelas respostas imunes celulares e in vivo pelo teste cutâneo da leishmanina (LST) que se torna positivo em 80% dos doentes.

Uma proporção de doentes com LV tratados pode desenvolver PKDL; estes doentes não estão doentes, normalmente não têm hepatoesplenomegalia e recuperaram do estado de subnutrição. A PKDL restringe-se principalmente a seguir a LV causada por L. donovani; por isso, ocorre em África e na Ásia. Existem, no entanto, diferenças epidemiológicas e clínicas importantes. As mais marcantes são as diferenças na apresentação clínica (90% de erupção papular em África, 90% macular na Ásia) e o intervalo entre a LV e a PKDL (0-13 meses em África, normalmente 2-3 anos na Ásia). Em África, a PKDL é mais comum no Sudão; a maioria (85%) dos doentes cura-se a si própria no prazo de 12 meses; apenas os casos graves ou crónicos são tratados. Na Ásia, embora existam alguns relatos de auto-cura, todos os doentes são tratados. Após um tratamento bem sucedido com cursos prolongados de medicamentos antileishmaniais, a erupção cutânea desaparece e os doentes desenvolvem uma imunidade semelhante à dos doentes curados de LV. Esta imunidade é permanente, exceto se houver imunossupressão associada.

As respostas imunitárias na leishmaniose são frequentemente descritas em termos de uma resposta Thl (T helper) e Th2. Isto deriva do modelo murino de leishmaniose cutânea em que foi encontrada uma dicotomia com uma resposta Th2 durante a doença e uma resposta Thl que indica a cura. Na LV em seres humanos, esta dicotomia não é clara e apresenta uma sobreposição; a progressão da doença parece ser determinada principalmente pela alteração dos perfis de citocinas, em que a importância de determinadas citocinas-chave varia no decurso do processo da doença, em que os inibidores podem desempenhar um papel importante. Além disso, foram identificadas outras respostas das células T, como as células T reguladoras e as células Th 17, que demonstraram estar implicadas em várias formas de leishmaniose.

A PKDL é caracterizada por uma posição intermédia entre uma resposta Th2 e Thl, o que se traduz nas caraterísticas clínicas típicas. Como resultado do tratamento antileishmaniano da LV, o doente com PKDL já não tem doença sistémica, não tem febre e o fígado e o baço já não estão aumentados. Apenas na pele persistem parasitas que podem estar presentes desde a LV. A resposta imunitária na PKDL é assim (parcialmente) caracterizada por uma (re)constituição imunitária, ao mesmo tempo que se verifica uma dissociação da resposta imunitária entre a pele e as vísceras. Isto causa a erupção cutânea típica na ausência de doença sistémica.

Na PKDL, a resposta Th2 mostra a presença e a persistência de IL-10 na pele, que já estava presente durante a LV, enquanto que, sistemicamente, a resposta Thl que foi induzida após a terapia com LV persiste com a produção de IFN-γ. Na pele, uma vez que as lesões de PKDL ocorrem tipicamente em áreas da pele expostas ao sol (face, pescoço), pensa-se que a resposta imunitária está relacionada com a influência da luz UV; esta causa danos nas células dendríticas, resultando numa resposta do tipo Th2 por inibição das células T reguladoras. Na PKDL, foram encontrados na pele níveis elevados de células reguladoras CD3+CD8+ com expressão de IL-10, que diminuem após o tratamento. O aumento do número de linfócitos CD8 circulantes mostrou uma proliferação diminuída que foi restaurada após o tratamento. Isto sugere que, embora globalmente na PKDL a CMI esteja intacta (após estimulação com fitohemaglutinina ou antigénio de Leishmania donovani) e seja semelhante à dos controlos saudáveis e dos doentes com LV curados, existem diferenças subtis

existem. Outras células também produzem citocinas e o TGF-β, TNF-α, IL-10 e IL-12 produzidos pelos queratinócitos desempenham um papel importante. Embora os níveis de TNF-α sejam elevados, tanto no PKDL como no VL foram encontrados níveis baixos do recetor 1 do TNF-α (TNFR1), possivelmente causados pela interferência de níveis elevados de IL-6. O rácio de TNF-α (inflamatório): IL-10 (anti-inflamatória) foi de 2,66 e 1,18 em PKDL (biópsias de pele) e VL (aspirados de medula óssea), respetivamente, mostrando a importância da dinâmica dos perfis de citocinas em várias manifestações da doença.

Os macrófagos são polarizados para um tipo M2 (ativação alternativa) que está associado à supressão da imunidade mediada por células e à cronicidade da doença. O aumento dos níveis de vitamina La, 25 dihidroxivitamina D3 possivelmente produzido pela pele exposta ao sol na PKDL pode desempenhar um papel na diferenciação anormal dos macrófagos. As metaloproteinases de matriz (MMP), que são induzidas pelo TNF-α e estão envolvidas no recrutamento de leucócitos e na remodelação dos tecidos, podem ser importantes, bem como os seus inibidores (TIMP, inibidor tecidular da metaloproteinase de matriz), que são induzidos pela IL-10. Os níveis séricos de MMP9 e o rácio entre MMP9 e TMIP1 (MMP9/TMIP1) estão aumentados na PKDL ativa e voltam ao normal nos doentes com PKDL curados. O TMIP3 está significativamente elevado na PKDL em comparação com a LV e sugere-se que desempenhe um papel no confinamento dos parasitas à pele na PKDL.

As respostas Thl7 provocam uma regulação positiva dos marcadores Thl7, como a IL-17, que é um indutor dos níveis de TNF-α e NO na lesão de PKDL e no sangue; esta situação é invertida pela quimioterapia. A diferenciação em células Th 17 secretoras de IL-17 é induzida por IL-23, bem como por IL-1, IL-6 e TGF-β.

Na PKDL humana, a miltefosina modula a resposta das citocinas, aumentando os níveis de citocinas pró-inflamatórias e diminuindo as citocinas anti-inflamatórias; os macrófagos são activados.

De um ponto de vista clínico, a resposta imunitária, que pode variar ao longo do tempo e pode diferir entre doentes, dita a manifestação clínica. A força da resposta imunitária mediada por células (CMI) é maior na

PKDL aguda, enquanto a PKDL crónica está associada a uma resposta mais fraca. Da mesma forma, na PKDL macular a CMI é forte, com poucos parasitas e níveis baixos de anticorpos (apenas a Igl está elevada), enquanto na forma polimórfica (papulo-nodular) a CMI é baixa, induzida por TGF-β e IL-10, com níveis mais elevados de marcadores para células T reguladoras, mais parasitas e níveis elevados de anticorpos, incluindo Igl e Ig3 (marcadores para IL-10). Recentemente, os complexos imunes identificados por PEG ELISA diferiram em qualidade e quantidade entre a LV e a PKDL, com uma associação entre complexos imunes contendo IgGl encontrados na LV e um risco acrescido de PKDL subsequente.

É evidente que as alterações imunológicas descritas são dinâmicas e ainda não foram totalmente captadas nos relatórios disponíveis. Não existem dados que descrevam com exatidão o intervalo entre a LV e o desenvolvimento do PKDL (ou a ausência deste) em termos de respostas imunitárias, tendo em conta vários parâmetros que podem

influenciam este facto. Enquanto no PKDL sudanês as respostas imunitárias entre a LV e o PKDL podem formar um continuum, uma vez que o intervalo é curto, isto é difícil de compreender no PKDL asiático, no qual o intervalo pode ser de 1-3 anos ou mais. Não é claro o que acontece entre a LV e a PKDL e se, por exemplo, uma resposta predominantemente Thl pode reverter para uma resposta do tipo Th2 e porque é que isso aconteceria. Deve ser considerada a possibilidade de uma reinfeção num doente com LV (parcialmente) tratado imunologicamente. [(23)]

O diagnóstico da leishmaniose visceral pode exigir a recolha de uma amostra de sangue e/ou uma biopsia da medula óssea ou uma punção esplénica para detetar o parasita.

Amostra para leishmaniose visceral

1. Sangue: Para a realização de análises de sangue/cultura de sangue e testes serológicos.
2. Medula óssea: Material de biopsia obtido por punção do esterno ou da crista ilíaca.
3. Polpa esplénica: Material de biopsia obtido por cultura esplénica.

Uma vez que a apresentação clínica da leishmaniose visceral (kala azar) carece de especificidade, são necessários testes de confirmação para decidir quais os doentes que devem ser tratados. Esses testes devem ser altamente sensíveis (>95%), uma vez que a LV é uma doença fatal, mas também altamente específicos, porque os medicamentos atualmente utilizados para tratar a LV são tóxicos. Idealmente, um teste deve ser capaz de fazer a distinção entre doença aguda e infeção assintomática, porque nenhum dos medicamentos atualmente disponíveis é suficientemente seguro para tratar infecções assintomáticas. Além disso, esses testes devem ser simples e económicos.

Teste não leishmaniano:

1. Deteção da redução do número de glóbulos vermelhos, glóbulos brancos e plaquetas (pancitopenia) em doentes clínicos com suspeita de LV. Este teste é altamente específico, mas a sensibilidade é muito baixa.
2. Deteção da redução do número de glóbulos vermelhos, glóbulos brancos e plaquetas (pancitopenia) em doentes clínicos com suspeita de LV. Este teste é altamente específico, mas a sensibilidade é muito baixa.

   Teste de Leishmanin:

   Uma cultura morta (0,1-0,2 ml) de uma suspensão contendo 6 a 10 promastigotas por ml é injectada por via intradérmica. Uma reação positiva (uma área de endurecimento após 72 horas) é produzida em casos curados de kala azar 6 a 8 semanas após a recuperação e representa uma reação de hipersensibilidade retardada acompanhada por imunidade mediada por células. O teste é positivo no calazar africano, mas não no calazar indiano e mediterrânico e na leishmaniose dérmica pós-calazar.

Deteção de parasitas

Para a deteção do parasita, é feita a visualização da forma amastigota do parasita através do exame microscópico de aspirados de gânglios linfáticos, medula óssea ou baço. É o teste confirmatório clássico para a leishmaniose visceral.

Embora a especificidade seja elevada, a sensibilidade da microscopia é variável, sendo mais elevada para o baço (93% a 99%) do que para a medula óssea (53-86%) ou para o aspirado de gânglios linfáticos (53-65%).

A deteção de parasitas no sangue ou nos órgãos através de cultura ou da utilização de técnicas moleculares como a PCR é mais sensível do que o exame microscópico.(24)

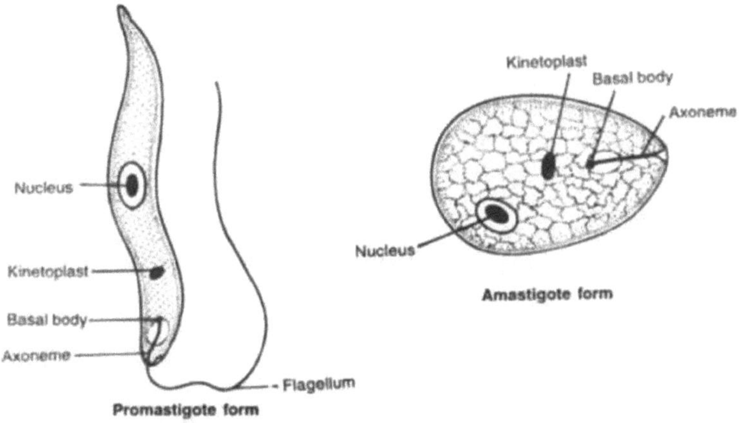

Fig. 178 Formas morfológicas de *Leishmania donovani*

Leishmaniose visceral no Sudão:

Desde o início dos anos 1900, a leishmaniose visceral (LV; calazar) tem sido um dos problemas de saúde mais importantes no Sudão, particularmente na principal área endémica nas regiões oriental e central. Ocorreram várias epidemias importantes, a mais recente - na província ocidental do Alto Nilo, no Sul do Sudão, detectada em 1988 - causando mais de 100.000 mortes. A doença propagou-se a outras áreas que anteriormente não se sabia serem endémicas para a LV. Registou-se um grande aumento do número de casos na zona endémica. Estes acontecimentos despertaram um interesse renovado pela doença. Estudos epidemiológicos e entomológicos confirmaram o Phlebotomus orientalis como o vetor em várias partes do país, tipicamente associado à vegetação de Acacia seyal e Balanites aegyptiaca. As taxas de infeção com Leishmania eram elevadas, mas sujeitas a variações sazonais, tal como o número de moscas da areia. Os parasitas isolados de seres humanos e de moscas da areia pertenciam a três zimodemas (MON-18, MON-30 e MON-82), todos eles pertencentes ao grupo de L. donovani sensu lato. A dinâmica da transmissão não foi totalmente elucidada; a transmissão intensa em áreas relativamente pouco povoadas, como o parque nacional de Dinder, sugeriu uma transmissão zoonótica, ao passo que o grande número de doentes com leishmaniose dérmica pós-cala-azar (LDPC) em aldeias fortemente afectadas pode indicar um reservatório humano e uma transmissão antroponótica. A apresentação clínica nos adultos e nas crianças não diferiu significativamente, exceto que as crianças eram mais anémicas. A febre, a perda de peso, a hepato-esplenomegalia e a linfadenopatia foram os achados mais comuns. A PKDL foi muito mais comum do que o esperado (56% dos doentes com LV desenvolveram PKDL), mas também foram encontradas outras manifestações pós-VL que afectam os olhos (uveíte, conjuntivite, blefarite), a mucosa nasal e/ou oral. A avaliação dos métodos de diagnóstico mostrou que o diagnóstico parasitológico deve continuar a ser a base do diagnóstico, com sensibilidades para aspirados de gânglios linfáticos, medula óssea e baço de 58%, 70% e 96%, respetivamente. São necessários testes serológicos simples e baratos. O teste de aglutinação direta (DAT) teve uma sensibilidade de 72%, uma especificidade de

94%, um valor preditivo positivo de 78% e um valor preditivo negativo de 92%. Tal como acontece com outros testes serológicos, o DAT não consegue distinguir entre doença ativa, infeção subclínica ou infeção passada. A introdução de antigénio liofilizado e de soros de controlo melhorou consideravelmente a praticabilidade e a precisão do DAT no terreno. Um ensaio de imunoabsorção enzimática utilizando o antigénio K39 recombinante teve maior sensibilidade do que o DAT (93%). A reação em cadeia da polimerase utilizando sangue periférico deu uma sensibilidade de 70-93% e foi mais sensível do que a microscopia de aspirados de gânglios linfáticos ou de medula óssea em doentes com suspeita de LV. O teste cutâneo da leishmanina (LST) foi tipicamente negativo durante a LV ativa e converteu-se em positivo em cerca de 80% dos doentes 6 meses após o tratamento. Os estudos imunológicos mostraram que as respostas das células Thl e Th2 podiam ser demonstradas em gânglios linfáticos de doentes com LV, como evidenciado pela presença de ácido ribonucleico mensageiro para interleucina (IL)-10, interferão gama e IL-2. Verificou-se que o tratamento de células mononucleares do sangue periférico de doentes com LV com IL-12 conduziu a resposta imunitária para uma resposta do tipo Thl com a produção de interferão gama, indicando um potencial papel terapêutico para a IL-12. A LV respondeu bem ao tratamento com estibogluconato de sódio, que continua a ser o medicamento de primeira linha numa dose de 20 mg/kg por via intravenosa ou intramuscular por dia durante 15-30 dias. A anfotericina B lipossómica foi eficaz, com poucos efeitos secundários. Não foram implementadas medidas de controlo. Com base em observações de que a LV não ocorre em indivíduos com um LST positivo, provavelmente devido a leishmaniose cutânea anterior, uma vacina contendo promastigotas de L. major mortas pelo calor está atualmente a ser submetida a um ensaio de fase III.[25]

A leishmaniose dérmica pós-calazar (PKDL) é cada vez mais reconhecida no Sudão como uma complicação da leishmaniose visceral (LV), ocorrendo em cerca de 55% dos doentes após ou durante o tratamento da LV. O desenvolvimento da PKDL parece restringir-se aos parasitas do cluster Leishmania donovani sensu stricto; não se encontrou nenhum zimodema específico associado a esta doença. Em contraste com a PKDL na Índia, a PKDL no Sudão ocorre dentro de 0-6 meses após o tratamento da LV. A erupção cutânea pode ser macular, maculo-papular ou nodular, e espalha-se da zona perioral para outras partes do corpo, dependendo do grau de gravidade. As crianças pequenas estão particularmente em risco de desenvolver uma doença mais grave. Em 16% dos doentes com PKDL, os parasitas podem ser demonstrados por microscopia em aspirados de gânglios linfáticos ou de medula óssea e, com a ajuda da reação em cadeia da polimerase (PCR), em gânglios linfáticos de 81% dos doentes, indicando possivelmente uma infeção visceralizada persistente. O diagnóstico pode ser efectuado através da demonstração de parasitas em esfregaços cutâneos ou biópsias em 20-30% dos casos; as técnicas mais recentes, utilizando a PCR com esfregaços cutâneos, têm uma sensibilidade mais elevada (83%). Os anticorpos monoclonais contra L. donovani podem detetar parasitas em 88% das biopsias. Os testes serológicos são de valor limitado. O teste cutâneo da leishmanina é positivo em 50-60% dos casos; existe uma relação inversa entre o resultado do teste cutâneo e a gravidade da PKDL. No diagnóstico diferencial, a miliária rubra é o problema mais comum; a diferenciação com a lepra é a mais difícil. Nas biópsias, podem encontrar-se na epiderme hiperqueratose, paraqueratose, acantose, obstrução folicular e degenerescência por liquefação da camada basal; na derme, há inflamação de intensidade variável, com poucos parasitas e sobretudo linfócitos; podem também encontrar-se macrófagos e células epitelióides. Em 20% dos casos, podem ser encontrados granulomas discretos. Após a LV, a resposta imunitária muda de um tipo Th2 para um tipo misto Thl/Th2. Níveis elevados de interleucina-10 em biópsias de pele, bem como em células mononucleares do sangue periférico e no plasma de doentes com LV, predizem o desenvolvimento de PKDL. O tratamento é necessário apenas para os doentes com doença grave e prolongada; o estibogluconato de sódio (20 mg/kg/d durante 2 meses) é normalmente suficiente. A anfotericina B (lipossómica) é eficaz, ao passo que o cetoconazol, a terbinafina e o itraconazol não o são.[26]

CAPÍTULO 6

Diagnóstico laboratorial da leishmaniose

Leishmaniose visceral:

O diagnóstico da LV é complexo porque as suas caraterísticas clínicas são partilhadas por uma série de outras doenças comuns, como a malária, a febre tifoide e a tuberculose; muitas destas doenças podem estar presentes juntamente com a LV (em casos de co-infeção); o sequestro do parasita no baço, na medula óssea ou nos gânglios linfáticos complica ainda mais esta questão.

O diagnóstico laboratorial da leishmaniose pode ser efectuado da seguinte forma (i) demonstração do parasita em tecidos relevantes através de exame microscópico ligeiro da amostra corada, cultura in vitro ou inoculação animal; (ii) deteção do ADN do parasita em amostras de tecido; ou (iii) imunodiagnóstico através da deteção do antigénio do parasita em amostras de tecido, sangue ou urina, através da deteção de anticorpos anti-leishmania não específicos ou específicos (imunoglobulina), ou através de ensaio para imunidade mediada por células específica da leishmania.

Demonstração e isolamento do parasita. O método habitualmente utilizado para diagnosticar a LV tem sido a demonstração de parasitas no aspirado esplénico ou da medula óssea. Também pode ser demonstrada a presença do parasita em gânglios linfáticos, biópsia hepática, amostras de aspirado ou na camada leitosa do sangue periférico. As amastigotas apresentam-se como corpos redondos ou ovais com 2 a 3 pm de comprimento e encontram-se intracelularmente em monócitos e macrófagos. Em preparações coradas com Giemsa ou Leishman, o citoplasma aparece azul pálido, com um núcleo relativamente grande que se cora de vermelho. No mesmo plano que o núcleo, mas em ângulo reto com ele, encontra-se um corpo em forma de bastonete vermelho escuro ou violeta denominado cinetoplasto. Após a identificação, a densidade do parasita pode ser avaliada microscopicamente através de uma escala logarítmica que varia de 0 (nenhum parasita por 1.000 campos de imersão em óleo) a +6 (>100 parasitas por campo) (19). A sensibilidade do esfregaço de medula óssea é de cerca de 60 a 85%. O aspirado esplénico, embora associado ao risco de hemorragia fatal em mãos inexperientes, é um dos métodos mais valiosos para o diagnóstico do calazar, com uma sensibilidade superior a 95%. Não requer equipamento especial, do ponto de vista do doente é geralmente preferível ao aspirado da medula óssea, que é mais doloroso, e provou ser seguro e relativamente fácil de efetuar em mãos experientes. Nos doentes com suspeita de LV, o aspirado esplénico pode ser efectuado mesmo quando o baço não é palpável, após demarcação da área de opacidade esplénica por percussão. O único risco da punção esplénica é a hemorragia de um baço mole e aumentado. No nosso centro de tratamento, ocorreram apenas duas hemorragias fatais em 9.612 procedimentos de aspiração esplénica realizados nos últimos 10 anos. Para evitar o risco de perda excessiva de sangue, a punção esplénica deve ser evitada em doentes com uma contagem de plaquetas inferior a 40.000 plaquetas/pl e um tempo de protrombina superior a 5 s em relação ao controlo.

Uma amostra de tecido, por exemplo, uma amostra de tecido do baço, fígado ou nódulo linfático, pode ser submetida a citologia de impressão através da pressão repetida da sua superfície plana cortada em lâminas microscópicas. O esfregaço é fixado com álcool absoluto e corado com Giemsa. Na citologia de impressão, forma-se uma monocamada de células e as amastigotas são facilmente identificáveis. Os resultados são expressos como o número de
leishmania por 100 núcleos de células hospedeiras. As amostras de tecido também podem ser submetidas a histologia, e a presença de parasitas pode ser demonstrada pela coloração padrão de hematoxilina e eosina. As amostras de tecido são geralmente de espessura irregular; consequentemente, as amastigotas estão distribuídas de forma irregular. Podem ser necessárias longas pesquisas para demonstrar o parasita. A sensibilidade do teste pode ser aumentada através da coloração da amostra com anticorpos marcados com corantes fluorescentes para os receptores de superfície do parasita. Para este efeito, utiliza-se normalmente um antissoro conjugado com isómero de isotiocianato de fluoresceína ou isotiocianato de rodamida B. Os anticorpos monoclonais conjugados com corantes fluorescentes são também utilizados para a especiação do parasita.

A cultura do parasita pode melhorar a sensibilidade da deteção do parasita, mas a cultura de leishmania raramente é necessária na prática clínica de rotina. No entanto, as culturas são necessárias para (i) obter um número suficiente de organismos para utilizar um antigénio para diagnóstico imunológico e especiação, (ii) obter parasitas para serem utilizados na inoculação de animais experimentais susceptíveis, (iii) rastreio in vitro de medicamentos e (iv) diagnóstico preciso da infeção pelo organismo (como suplemento de outros métodos ou para fornecer um diagnóstico quando os métodos de rotina falharam). As estirpes de Leishmania podem ser mantidas como promastigotas num meio de cultura artificial. Os meios de cultura utilizados podem ser monofásicos (meio de Schneider para insectos, Ml99, ou meio de Grace) ou difásicos (meio de Novy-McNeal Nicolle e meio de Tobies). Preferimos o meio difásico que contém ágar sangue de coelho difásico modificado revestido com RPMI 1640 (Gibco BRL, Grand Island, N.Y.) para o isolamento primário, e preferimos o meio Ml99 que contém 20% de soro fetal de vitelo para amplificar o número de parasitas. O meio de Hockmeyer, que é o meio de cultura comercialmente preparado pela Schneider, suplementado com 30% de soro fetal de vitelo inactivado pelo calor, com 100 UI de penicilina e 100 pg de estreptomicina, é simples de utilizar e satisfatório para o diagnóstico da LV, mas é dispendioso. Os tubos de cultura são inoculados com 1 a 2 gotas de medula óssea ou aspirado esplénico e incubados a uma temperatura entre 22 e 28°C. Os tubos são examinados semanalmente para detetar a presença de promastigotas por microscopia de contraste de fase ou por montagem húmida do líquido de cultura durante 4 semanas antes de serem descartados como negativos. Se estiverem presentes promastigotas, estas são mantidas por passagem semanal para meio fresco. O sangue também pode ser utilizado para isolar o parasita, mas o método é lento e mais demorado. O sangue colhido assepticamente (1 a 2 ml) é diluído com 10 ml de solução salina citratada e o depósito celular obtido após centrifugação é inoculado em meios de cultura. A contaminação dos meios de cultura por bactérias ou espécies de leveduras ou outros fungos complica normalmente a cultura, mas pode ser evitada através da utilização de boas técnicas de esterilização e da adição de penicilina (200 lU/ml) e estreptomicina (200 pg/ml) ao meio (para as bactérias), bem como de 5-flucitosina (500 pg/ml) (como agente antimicótico).

A cultura in vitro das amastigotas é efectuada para estudos quimioterapêuticos e para estudar a inter-relação entre as amastigotas e os macrófagos. As amastigotas são cultivadas em cultura de tecidos ou de macrófagos. Estas linhas celulares são produzidas a partir de (i) monócitos do sangue periférico humano, depois de estes serem separados por sedimentação de densidade com meio de separação de linfócitos (LSM; Organon-Teknika, Durham, N.C.), caso em que um novo lote de macrófagos tem de ser produzido de novo; (ii) linhas celulares de macrófagos, por exemplo P388D e J774G8 de ratinhos; e iii) exsudados de sarcoma de cão e exsudados peritoneais de hamster de linhas celulares, caso em que se pode obter uma cultura contínua.

O parasita também pode ser demonstrado após a inoculação de animais de laboratório (como hamsters, ratos ou porquinhos-da-índia) com uma amostra infetada. A inoculação animal não é normalmente empregue como teste de diagnóstico, uma vez que podem ser necessários vários meses para obter um resultado positivo. O hamster dourado é o animal de eleição para manter o complexo L. donovani. Pode ser infetado por várias vias, incluindo através das membranas mucosas, mas as vias intraperitoneal e intraesplénica são as preferidas. Tanto as formas amastigotas como as promastigotas podem infetar o animal. Após a inoculação, o animal é examinado semanalmente para detetar sinais de infeção, como lesões cutâneas, hepatoesplenomegalia ou lesões metastáticas. As amastigotas podem ser colhidas por biópsia do baço e do fígado de um animal anestesiado e que possa sobreviver após o procedimento como fonte de parasita infecioso. Na ausência de sinais de infeção óbvia, o animal é geralmente sacrificado após 4 meses, altura em que as amostras de fígado e baço são examinadas para detetar a presença do parasita.

Em áreas de endemicidade, o reconhecimento das espécies de leishmania raramente é necessário. No entanto, a identificação de um organismo ao nível da espécie é útil do ponto de vista epidemiológico e é também importante para o tratamento e determinação do prognóstico de viajantes globais que não são imunes ao parasita e tendem a desenvolver manifestações invulgares da doença. A identificação das espécies do complexo L. donovani é particularmente difícil, porque morfologicamente as espécies são quase indistinguíveis umas das outras. Para a identificação ao nível da espécie, obtém-se uma grande quantidade de promastigotas por cultura do organismo e o padrão isoenzimático específico da espécie é analisado por eletroforese em acetato de celulose. A tipagem de promastigotas vivos lavados por teste de aglutinação direta com anticorpos monoclonais específicos da espécie é outro instrumento taxonómico altamente sensível frequentemente utilizado para este fim. A identificação ao nível da espécie pode também ser efectuada através da análise do ADN do cinetoplasto de minicírculos amplificado (KDNA), escolhendo iniciadores de regiões conservadas de minicírculos de KDNA de diferentes espécies de Leishmania. Outro método utilizado para a identificação de espécies de leishmania é a análise dos factores antigénicos libertados pelas promastigotas in vitro, que são diferentes para diferentes espécies de leishmania.

Embora a demonstração de um único amastigota no exame microscópico de esfregaços de tecidos ou de múltiplos promastigotas em culturas seja considerada suficiente para o diagnóstico positivo da doença, a sensibilidade do exame dos tecidos, exceto no caso do aspirado esplénico, é baixa. Além disso, o(s) procedimento(s) para a obtenção de amostras de tecido é(são) traumático(s) e associado(s) a um risco considerável. A identificação de amastigotas requer conhecimentos e formação consideráveis e está sujeita à capacidade do observador. Além disso, a cultura de parasitas é dispendiosa e demorada e requer conhecimentos especializados e equipamento dispendioso, o que restringe seriamente a sua utilização na prática clínica de rotina.

Devido às limitações inerentes às técnicas utilizadas para a deteção de parasitas, foram tentadas novas abordagens para a deteção de parasitas, como a hibridação de ADN, desde o início da década de 1980. Embora estes métodos tivessem uma sensibilidade considerável (detectando apenas 50 a 100 parasitas), a sua utilização potencial no diagnóstico de rotina é dificultada pelo procedimento complexo da hibridação. O desenvolvimento da PCR proporcionou uma abordagem poderosa para a aplicação de técnicas de biologia molecular ao diagnóstico da leishmaniose. Os primers concebidos para amplificar sequências conservadas encontradas em minicírculos de KDNA de leishmanias de diferentes espécies foram testados em vários tecidos de relevância. Este alvo era eminentemente adequado porque se sabe que o cinetoplasto possui milhares de cópias de DNA de minicírculo. Nos últimos anos, foram descritos métodos de diagnóstico baseados na PCR com uma vasta gama de sensibilidades e especificidades. Num estudo realizado no Sudão, verificou-se que a PCR era mais sensível do que a microscopia para a deteção de parasitas de Leishmania em aspirações de gânglios linfáticos e medula óssea. No entanto, a sua sensibilidade para a deteção de ADN de Leishmania no sangue de casos de LV comprovados parasitologicamente foi de apenas 70%. Noutro estudo relatado da Índia, no qual foi utilizado um iniciador específico da espécie para L. donovani (iniciador LDI), a sensibilidade da PCR com sangue total de doentes com LV foi de 96% e o ADN de Leishmania foi detectado em amostras de pele de 45 de 48 doentes com PKDL (sensibilidade, 93,8%).

Foi desenvolvida uma técnica de ensaio de imunoabsorção enzimática (ELISA) por PCR, utilizando um iniciador capaz de identificar 33 estirpes de L. infantum de 19 zimodemes diferentes. Tem uma sensibilidade superior à de outras técnicas de diagnóstico, por exemplo, teste de anticorpos fluorescentes indirectos (IFA), cultura de parasitas ou microscopia, e foi capaz de detetar um mínimo de 0,1 promastigota ou 1 fg de material genómico. Esta técnica PCR-ELISA pode ser potencialmente utilizada para o diagnóstico da LV a partir de amostras de sangue periférico. A PCR efectuada a partir de manchas de sangue em papel de filtro pode também ser utilizada como teste de rastreio para identificar a infeção por Leishmania em doentes imunocomprometidos com cargas parasitárias elevadas no sangue periférico. A sensibilidade desta técnica para a deteção de leishmania (75%) foi consideravelmente mais elevada do que as respectivas sensibilidades da microscopia (26,3%) e da hemocultura (42,3%). No entanto, o ensaio PCR com preparações de buffy coat para a deteção de Leishmania foi 10 vezes mais sensível do que o ensaio com preparações de sangue total, tendo sido obtidos resultados particularmente bons quando foram utilizados métodos baseados na proteinase K. A PCR baseada na proteinase K foi capaz de detetar 10 parasitas/ml. Uma sonda de ADN fluorescente específica para uma região conservada do gene rRNA da subunidade pequena de Leishmania e um par de primers de flanqueamento, quando utilizados para a amplificação do ADN num ensaio, provaram ser uma modalidade de diagnóstico altamente específica e rápida para detetar a infeção por Leishmania. Utilizando esta técnica rápida de PCR anorogénica, foi possível amplificar o ADN de 27 estirpes de Leishmania em cultura, e o tempo de resposta desde a biopsia de tecido humano fresco até ao resultado do teste foi inferior a 24 h. Para além de ser uma ferramenta altamente sensível e específica para o diagnóstico de LV e PKDL e um método útil para a identificação de espécies, a PCR também pode ser utilizada para distinguir entre recaída e reinfeção em doentes com LV tratados. A análise do polimorfismo do comprimento dos fragmentos de restrição do minicírculo de ADN leishmaniano amplificado por PCR pode ser utilizada para este fim. A PCR pode também revelar-se uma ferramenta importante na avaliação do sucesso do tratamento da LV: dos doentes tratados para a LV que apresentaram resultados negativos na PCR com tecido de gânglios linfáticos, nenhum recidivou ou desenvolveu PKDL, enquanto mais de metade dos doentes que apresentaram resultados positivos na PCR com tecido de gânglios linfáticos recidivaram ou desenvolveram PKDL após aparente cura da doença na sequência de tratamento supervisionado. Por outro lado, um número substancial dos doentes que apresentaram resultados positivos na PCR, após a cura aparente, não recaíram nem desenvolveram PKDL, um resultado que sugere a limitação da PCR na decisão do ponto final do tratamento. A positividade da PCR observada nestes doentes pode dever-se a parasitas não viáveis. Do mesmo modo, os resultados da PCR para controlos endémicos saudáveis podem ser positivos, o que pode levar à conclusão errada de que sofrem de LV. Nestes controlos endémicos saudáveis, uma combinação de teste de aglutinação direta (DAT) (que mostra títulos baixos em controlos endémicos saudáveis) e PCR pode ser útil para definir o estado destes doentes.

Imunodiagnóstico, (i) Deteção de antigénios. A deteção de antigénios é mais específica do que os testes de imunodiagnóstico baseados em anticorpos. Este método é igualmente útil para o diagnóstico de doenças em casos de produção deficiente de anticorpos (como nos doentes com SIDA). De Colmenares et al. de Espanha relataram duas fracções polipeptídicas de 72-75 kDa e 123 kDa na urina de doentes com kala-azar. A sensibilidade das fracções de 72-75 kDa foi de 96% e a especificidade de 100%.

Além disso, estes antigénios não eram detectáveis nas 3 semanas seguintes ao tratamento anti-kala-azar, o que sugere que o teste tem um valor prognóstico muito bom.

Um novo teste de aglutinação em látex (KATEX) para detetar o antigénio leishmaniano na urina de doentes com LV mostrou sensibilidades entre 68 e 100% e uma especificidade de 100% em ensaios preliminares. O antigénio é detectado bastante cedo durante a infeção e os resultados de experiências com animais sugerem que a quantidade de antigénio detetável tende a diminuir rapidamente após a quimioterapia. O teste teve um desempenho melhor do que qualquer um dos testes serológicos quando comparado com a microscopia. Estão em curso grandes ensaios de campo para avaliar a sua utilidade para o diagnóstico e prognóstico da LV.

(ii) Deteção de anticorpos Durante várias décadas, foram utilizados métodos não específicos para o diagnóstico da LV, que dependem de níveis elevados de globulina. Alguns dos testes utilizados para a deteção destas imunoglobulinas inespecíficas são o teste do gel de formol ou aldeído de Napier e o teste do antimónio de Chopra. Uma vez que estes testes dependem de níveis elevados de globulina, os resultados podem ser positivos numa série de condições. A falta de especificidade, bem como as diferentes sensibilidades, tornam-nos pouco fiáveis.

Foram desenvolvidos vários métodos de imunodiagnóstico que são mais sensíveis e específicos. São úteis na identificação de casos específicos e podem ser utilizados para a vigilância da comunidade. O corpo humano tenta lutar contra a LV produzindo alguns dos níveis mais elevados de anticorpos encontrados em resposta a qualquer doença, mas em vão. Isto deve-se à ativação policlonal das células B, resultando numa elevação acentuada dos níveis (no soro) de imunoglobulina G (IgG) e IgM contra várias proteínas não específicas e haptenos. A presença consistente de níveis elevados de anticorpos contra antigénios do parasita pode simplificar o diagnóstico da LV. Várias técnicas serológicas baseiam-se na deteção destes anticorpos. A especificidade do anticorpo depende do antigénio ou epítopo utilizado no teste, uma vez que o parasita estimula a produção de uma vasta gama de anticorpos, incluindo anticorpos específicos do grupo, do género e da espécie. Por conseguinte, a sensibilidade pode depender do teste e da sua metodologia, mas a especificidade dependerá do antigénio e não do procedimento serológico utilizado. Na maioria dos testes serológicos, os dados de sensibilidade e especificidade são comparados com a demonstração de parasitas em vários tecidos.

Os métodos convencionais de deteção de anticorpos incluem a difusão em gel, o teste de fixação do complemento, o teste de hemaglutinação indireta, o teste IFA e a imunoeletroforese em contracorrente. No entanto, para além das dificuldades práticas nos laboratórios periféricos, as sensibilidades e especificidades da maioria dos testes acima referidos têm sido os factores limitantes. Com exceção do teste IFA, que é utilizado numa escala limitada, estes testes raramente são utilizados para o diagnóstico de rotina da LV. Em 1988, foi relatada a utilidade de um DAT modificado no calazar, que está a ser utilizado em vários países endémicos. Neste teste, as promastigotas inteiras tripsinizadas são fixadas em formalina e coradas com azul brilhante de Coomasie; o soro do doente é então incubado com o antigénio e a aglutinação é observada no dia seguinte. A utilização de uma concentração de 0,8% de 2-mercaptoetanol 0,1 M no diluente da amostra melhora ainda mais o seu desempenho. Em vários estudos, o DAT demonstrou ser 91 a 100% sensível e 72 a 100% específico. No Sudão, em laboratórios de campo especialmente criados para o efeito, os Médicos Sem Fronteiras utilizam a DAT para o diagnóstico da LV; os doentes com títulos elevados recebem tratamento, sendo efectuado um diagnóstico parasitário confirmatório nos doentes com títulos baixos. Na Índia, vários laboratórios apresentaram níveis satisfatórios de sensibilidade e especificidade para este teste. Embora o teste DAT tenha apresentado um elevado grau de repetibilidade dentro dos centros, a sua reprodutibilidade entre os centros foi bastante fraca.

Além disso, as difíceis condições de campo, a fragilidade do antigénio aquoso, a falta de cadeia de frio e as variações do antigénio de lote para lote, juntamente com a não normalização das leituras dos testes, limitaram seriamente a sua aplicabilidade generalizada em regiões endémicas. Os antigénios liofilizados desenvolvidos em laboratórios belgas e holandeses são susceptíveis de ultrapassar algumas destas desvantagens. A menos que este antigénio melhorado seja produzido internamente para o tornar acessível e que o DAT se torne fácil de utilizar com uma diluição num só passo e um tempo de incubação reduzido, a sua utilização no terreno é improvável em países endémicos como a Índia. Tal como a maioria dos testes baseados em anticorpos, o DAT pode produzir resultados positivos durante muito tempo após a cura completa, pelo que não provou ter grande valor prognóstico.

A técnica ELISA tem sido utilizada como um potencial instrumento de serodiagnóstico para quase todas as doenças infecciosas, incluindo a leishmaniose. A técnica é altamente sensível, mas a sua especificidade depende do antigénio utilizado. Foram experimentados vários antigénios. O antigénio geralmente utilizado é um antigénio solúvel bruto (CSA). É preparado através da congelação e descongelação repetidas (quatro a seis ciclos) de uma suspensão de promastigotas em solução salina tamponada com fosfato, seguida de centrifugação a frio a 10 000 a 20 000 x g. O sobrenadante é utilizado como antigénio solúvel e é utilizado para revestir placas ELISA após a estimativa do teor de proteínas (100 a 5 000 ng/ml). A sensibilidade do teste ELISA utilizando estas concentrações de CSA varia entre 80 e 100%, mas foram registadas reacções cruzadas com soros de doentes com tripanossomíase, tuberculose e toxoplasmose. Por outro lado, quando foram utilizadas várias massas antigénicas selectivas (116 kDa, 72 kDa e 66 kDa), foi possível atingir uma especificidade de 100%, mas apenas à custa da sensibilidade, que desceu para 37,5%. Palatnik-de-Souza et al. descreveram a utilização de um ligando de fucose-manose como molécula antigénica. Trata-se de uma glicoproteína de 36 kDa presente em todo o ciclo de vida da leishmania (fases amastigota e promastigota). Verificou-se que a sua utilização em ELISA resulta numa sensibilidade de 100% e numa especificidade de 96%. Num estudo recente, verificou-se que a sensibilidade e a especificidade do ELISA no diagnóstico da LV também podiam ser aumentadas pela utilização de antigénios solúveis derivados de promastigotas cultivados num meio isento de proteínas. Um estudo, realizado com 129 doentes com LV e 143 com leishmaniose cutânea, mostrou uma sensibilidade de 95%.

Foi demonstrado que um antigénio recombinante, rK39, é específico para anticorpos em doentes com LV causada por membros do complexo L. donovani. Este antigénio, que é conservado na região da cinesina, é altamente sensível e preditivo do início da doença aguda. O antigénio é derivado de L. chagasi, que nos Estados Unidos é utilizado para fins veterinários, embora não esteja aprovado para uso humano. Foram demonstrados títulos elevados de anticorpos em doentes imunocompetentes com LV. Este antigénio foi descrito como sendo 100% sensível e 100% específico no diagnóstico de LV e PKDL por ELISA. Outra faceta importante do anticorpo anti-rK39 é o facto de o título se correlacionar diretamente com a atividade da doença, indicando o seu potencial para utilização na previsão da resposta à quimioterapia. Foi demonstrado anteriormente que os títulos de anticorpos anti-rK39 eram 59 vezes mais elevados do que os de anticorpos contra a CSA na altura do diagnóstico e, com uma terapêutica bem sucedida, diminuíram acentuadamente no final do tratamento e continuaram a diminuir durante a monitorização de seguimento. Nos doentes que sofreram uma recaída da doença, o título voltou a subir abruptamente. Foi também demonstrada a utilidade diagnóstica e prognóstica do rK39 em doentes infectados com VIH.

Devido às condições prevalecentes nas zonas endémicas, não é possível utilizar qualquer método sofisticado numa escala mais alargada. É necessário um teste simples, rápido e exato, com boa sensibilidade e especificidade, que possa ser utilizado sem quaisquer conhecimentos específicos. Foi desenvolvido um teste de tira imunocromatográfica promissor, pronto a usar, baseado no antigénio rK39, como teste rápido para utilização em condições de campo difíceis. O antigénio recombinante é imobilizado num pequeno pedaço retangular de membrana de nitrocelulose em forma de banda e a antiproteína A de cabra é fixada à membrana acima da banda de antigénio. Após a picada do dedo, é espalhada meia gota de sangue na ponta da tira e a extremidade inferior da tira é deixada de molho em 4 a 5 gotas de solução salina tamponada com fosfato, colocada numa lâmina ou tubo de vidro limpo. Se o anticorpo estiver presente, reagirá com o conjugado (proteína A ouro coloidal) que está pré-seco na tira de ensaio. A mistura move-se ao longo da tira por ação capilar e reage com o antigénio rK39 na tira, produzindo uma banda cor-de-rosa. Na tira dos doentes infectados, aparecem duas linhas cor-de-rosa no meio da membrana de nitrocelulose (a banda cor-de-rosa superior serve de controlo processual). No primeiro ensaio de campo alargado em 323 doentes, verificámos que o teste da tira é 100% sensível (intervalo de confiança, 98 a 100%) e 98% específico (intervalo de confiança, 95 a 100%). Vários estudos efectuados no subcontinente indiano indicaram que o teste era 100% sensível. No entanto, quando avaliado no Sudão, a sensibilidade do teste foi de apenas 67%. No estudo realizado no Sudão, todos os doentes com LV confirmada parasitologicamente que apresentaram resultados negativos no teste da tira rK39 apresentaram IgG contra rK39 por micro-ELISA (embora com títulos mais baixos). Num estudo realizado no sul da Europa, os resultados do teste de tira rK39 foram positivos em apenas 71,4% dos casos de LV. Estas diferenças de sensibilidade podem dever-se a diferenças nas respostas de anticorpos observadas em diferentes grupos étnicos. Quando testado para PKDL, o teste teve uma sensibilidade de 91%. Foram comunicados uniformemente níveis elevados de especificidade (97 a 100%) para este teste; no entanto, com uma versão posterior das tiras tratadas com rK39, alguns (12,5%) indivíduos saudáveis de controlo endémico também apresentaram resultados positivos. Embora estas reacções possam ser consideradas falsos positivos, representam provavelmente infecções subclínicas: O ensaio PCR para L. donovani foi positivo nalguns destes casos. A IgG anti-rK39 pode estar presente no soro durante um período prolongado após um tratamento bem sucedido da LV; assim, os doentes com suspeita de recidiva da LV com uma história passada de infeção não seriam candidatos ao diagnóstico por teste de tiras. Outra desvantagem deste formato é o facto de um indivíduo com um resultado positivo no teste de tiras rK39 poder sofrer de uma ou mais doenças (malária, febre tifoide ou tuberculose) com caraterísticas clínicas semelhantes às da LV, mas ser incorretamente diagnosticado como sofrendo de LV. Não obstante estas limitações, o teste de tira imunocromatográfica rK39 provou ser versátil na previsão da infeção aguda e é o único formato disponível para o diagnóstico da LV com níveis aceitáveis de sensibilidade e especificidade, além de ser barato (~1 a 1,5 dólares americanos) e simples, podendo ser efectuado mesmo por paramédicos em condições de campo difíceis.

Os anticorpos específicos também podem ser detectados por Western blotting. Para este tipo de teste, as formas promastigotas de L. donovani são cultivadas até à fase logarítmica e lisadas, e a proteína solúvel é colocada em géis de eletroforese em gel de dodecil sulfato de sódio-poliacrilamida. As proteínas separadas são electroblotadas numa membrana de nitrocelulose e sondadas com soro do doente. A sensibilidade desta técnica pode ser melhorada utilizando as sondas de anticorpos quimioluminescentes. Utilizando o Western blotting, é possível encontrar até mesmo pequenas diferenças antigénicas entre vários organismos e, assim, detetar antigénios de reação cruzada. No entanto, o processo é moroso, tecnicamente complicado e dispendioso.

(iii) Testes cutâneos. A hipersensibilidade de tipo retardado (DTH) ou imunidade mediada por células T é uma resposta imunitária específica de um grupo. O teste cutâneo de Montenegro (teste cutâneo da leishmanina) é um teste de DTH específico para a leishmaniose, mas o seu papel é limitado. Neste método, 0,5 ml de parasitas inteiros mortos com fenol (5 x 107 promastigotas) são injectados na face volar do antebraço do doente.

Após 48 a 72 horas, o tamanho do endurecimento é medido e comparado com o tamanho do endurecimento produzido pela injeção de um controlo de fenol-salina no outro antebraço. Atualmente, não existe um reagente de leishmanina padronizado disponível. Diz-se que todas as leishmaninas são semelhantes e inespecíficas. O teste é negativo nos casos agudos de LV devido à ausência de DTH e é positivo apenas nos casos em que o kala-azar foi curado.[27]

Diagnóstico da leishmaniose cutânea

O diagnóstico da LC baseia-se em caraterísticas clínicas (apoiadas por dados epidemiológicos) e em testes laboratoriais. Foram descritos numerosos métodos de diagnóstico com uma enorme variação na precisão do diagnóstico, incluindo o exame parasitológico direto (microscopia, histopatologia e cultura de parasitas) e/ou testes indirectos com serologia e diagnóstico molecular. A seleção do teste de diagnóstico utilizado depende frequentemente da infraestrutura e dos recursos disponíveis na unidade de diagnóstico e não da precisão do diagnóstico.

Microscopia direta, histopatologia e cultura:

O diagnóstico parasitológico continua a ser considerado o padrão de ouro no diagnóstico da leishmaniose devido à sua elevada especificidade. Normalmente, é efectuado através do exame histopatológico de tecido fixado ou da cultura in vitro do parasita a partir de material de lesões suspeitas. O diagnóstico microscópico da LC é efectuado pela identificação direta de amastigotas em esfregaços de lesões corados com Giemsa de biópsias, raspagens ou esfregaços de impressão. As amastigotas aparecem como corpos redondos ou ovais, com cerca de 2-4 pm de diâmetro, com núcleos e cinetoplastos caraterísticos. O material da margem da úlcera tem geralmente o maior rendimento. Um estudo comparativo entre esfregaços de raspagem amplamente utilizados e citologia aspirativa por agulha fina encontrou uma diferença significativa entre os dois métodos a favor da aspiração por agulha fina na deteção de amastigotas e microgranuloma, fundo da lâmina e conforto do doente. Um método de colheita simplificado é o esfregaço de impressão por pressão (PIS). Quando comparada com a histopatologia para o diagnóstico de LC, a PIS foi positiva em 85,3 % dos casos de estudo suspeitos de LC, e a histopatologia só foi positiva em 44 %. A PIS é considerada um método rápido e relativamente sensível para o diagnóstico da LC.

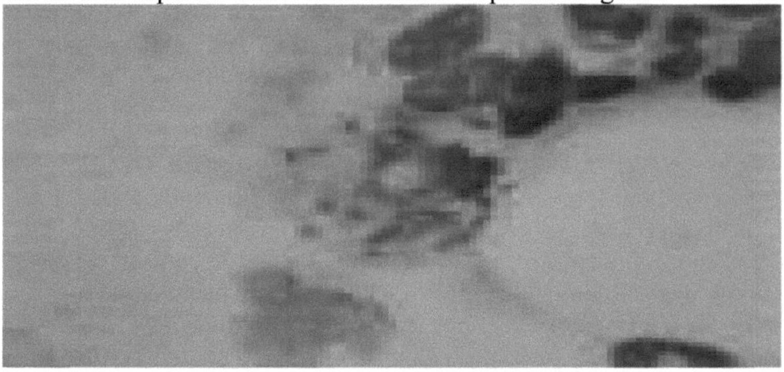

Amastigotas de Leishmaniose. Na pele, as amastigotas aparecem como corpos intracelulares redondos ou ovais, com cerca de 2-4 pm de diâmetro, com núcleos e cinetoplastos caraterísticos

A cultura de parasitas em tubos contendo meio Novy-MacNeal-Nicolle de lesões suspeitas é difícil, requer conhecimentos técnicos significativos, é suscetível de contaminação e é morosa. A sensibilidade da cultura tende a ser baixa e altamente variável. As tecnologias de mini e microcultura recentemente desenvolvidas têm a vantagem de serem menos dispendiosas devido ao menor volume de meio de cultura necessário, mais fáceis de utilizar e mais sensíveis, mesmo quando a carga parasitária é baixa. Uma desvantagem da microcultura é o facto de esta tecnologia não permitir a determinação de outras espécies. Num estudo recente, o desempenho da microcultura foi avaliado em 273 indivíduos que cumpriam os critérios para a LC. A sensibilidade e a especificidade da microcultura foram de 98,4 % (95 % CI = 96,1-99,1 %) e 100,0 %, respetivamente. Outras vantagens deste método são a simplicidade e o facto de as amostras de diagnóstico serem obtidas por um método sem agulha.

Métodos de diagnóstico imunológico

Os testes serológicos actuais para a LC baseiam-se principalmente em formatos como o anticorpo fluorescente indireto, o ensaio de imunoabsorção enzimática (ELISA), o western blot, o ensaio de fluxo lateral e o teste de aglutinação direta. No entanto, estes formatos não são amplamente utilizados para o diagnóstico da LC, devido à fraca resposta humoral provocada pela infeção e à consequente baixa sensibilidade.

Além disso, a maioria dos testes serológicos atualmente disponíveis baseiam-se preliminarmente num lisado total do parasita ou na produção de promastigotas inteiros numa reação específica. Desenvolvimentos recentes sugerem que a incorporação de preparações de antigénios purificados específicos ou antigénios recombinantes de Leishmania para o diagnóstico serológico aumentaria as caraterísticas operacionais destes testes. Isto vem na sequência do sucesso do antigénio rK39 para o sero-diagnóstico da LV. As proteínas de choque térmico (HSP), e em particular a HSP83, surgiram como potenciais candidatos. Um ELISA baseado na HSP83 recombinante demonstrou um bom desempenho no diagnóstico da LC, a par da LM e da LV, em comparação com um ELISA baseado no antigénio bruto da L. major em termos de sensibilidade e especificidade.

Além disso, utilizando um ELISA quimioluminescente para medir os níveis de anticorpos anti-a-galactosil em soros humanos, verificou-se que os indivíduos infectados com L. tropica ou L. major tinham níveis significativamente elevados (até 9 vezes mais) de IgG anti-a-Gal em comparação com indivíduos de controlo saudáveis. Além disso, o ensaio tinha uma sensibilidade mais elevada do que a análise microscópica. Curiosamente, até 2 anos após a cura confirmada da LC, os indivíduos apresentavam níveis 28 vezes mais elevados de IgG anti-a-Gal em comparação com voluntários saudáveis. A monitorização dos níveis de anticorpos anti-a-Gal é proposta como ferramenta de diagnóstico e como biomarcador de uma cura da LC do Velho Mundo.

Um teste de diagnóstico inovador que está atualmente a ser avaliado é o CL Detect™ Rapid Test, que é um imunoensaio qualitativo baseado em membrana para a deteção de todas as espécies clinicamente relevantes do género Leishmania que causam a LC em amostras de pele.

Teste cutâneo de Leishmania:

O teste cutâneo intradérmico de Leishmania (LST) ou teste cutâneo de Montenegro (MST) é um marcador da resposta imunitária celular e é ocasionalmente utilizado no diagnóstico da LC (por exemplo, em inquéritos epidemiológicos e estudos de vacinas) devido à sua utilização simples e à sua elevada sensibilidade de 86,4 % a 100 % . As reacções cutâneas de hipersensibilidade retardada ao LST >5 mm são consideradas positivas e <5 mm são consideradas negativas. Os doentes com LST negativo e confirmação diagnóstica por outros testes são mais susceptíveis de recaída ou de insucesso do tratamento. As principais desvantagens do LST ou do MST são a necessidade de instalações de cultura para produzir o antigénio MST, o facto de diferentes preparações de antigénio terem impacto na sensibilidade do teste e o facto de o teste não distinguir entre infecções passadas e presentes.

Há provas de que, quando os dados do LST são apoiados por informações sobre a produção de interferão-y (IFN-y) específico do antigénio, isso pode ajudar a determinar se um caso suspeito foi exposto a uma infeção por Leishmania. Por outro lado, há relatos de que o LST é significativamente mais sensível do que os níveis de IFN-y em pessoas que foram curadas da LC.

Testes de amplificação de ácidos nucleicos:

Reação em cadeia da polimerase (PCR):

Foram desenvolvidos muitos testes de diagnóstico molecular para o diagnóstico da LC, uma vez que se assume que estes têm uma melhor sensibilidade e especificidade do que os métodos de diagnóstico tradicionais e permitem a utilização de uma amostragem menos invasiva para o diagnóstico. Em particular, a PCR, quer como teste único quer numa combinação de
O teste de deteção de sequências genéticas, em formato nested ou como ensaio quantitativo, tem sido amplamente explorado. Nas últimas décadas, foram desenvolvidos numerosos testes que visam muitas sequências genéticas diferentes, sendo os principais alvos a sequência do espaçador transcrito interno 1 do ADN ribossómico ou as sequências do ADN do cinetoplasto do género Leishmania.

Além disso, estão a ser avaliados vários outros ensaios do tipo PCR, como uma transferência de energia por ressonância de fluorescência de alta tecnologia baseada num ensaio em tempo real, ou ensaios baseados nos alvos genéticos HSP70 ou triparedoxina peroxidase, entre muitos outros.

Uma vez que não existem protocolos gerais definidos e aceites e que quase todos os laboratórios aplicam o seu próprio método interno, é necessário proceder a uma comparação direta dos diferentes métodos de PCR. Em particular, os estudos que abordam as comparações interlaboratoriais são escassos e a iniciativa de Cruz e colaboradores, que propuseram um protocolo para comparações interlaboratoriais de métodos PCR convencionais e em tempo real, deve ser adoptada.

Plataformas isotérmicas:

A PCR requer infra-estruturas adequadas e operadores tecnicamente qualificados, o que torna os testes baseados nesta plataforma menos adequados para laboratórios com recursos limitados em países onde a doença é endémica. Numa tentativa de contornar parcialmente estes requisitos, foram desenvolvidas nos últimos anos plataformas de diagnóstico isotérmico. A amplificação baseada na sequência de ácidos nucleicos, uma reação isotérmica que visa o ARN do parasita, foi desenvolvida para a leishmaniose. A oligocromatografia para análise pós-amplificação evita ainda mais a utilização de equipamento complexo, preservando as caraterísticas adequadas de desempenho do diagnóstico.

Um novo desenvolvimento no diagnóstico molecular isotérmico é a reação isotérmica mediada por laço (LAMP), que é realizada a 60 e 65 °C, utiliza apenas uma enzima (Bst DNA polimerase) para amplificação e é capaz de produzir grandes quantidades de ADN em 30-60 minutos. É importante notar que a especificidade da reação é elevada porque utiliza seis iniciadores e o produto final pode ser visualizado diretamente utilizando métodos de deteção simples.

O teste LAMP inicial para a LC foi um teste LAMP genérico de transcriptase reversa (RT-), visando a região conservada do gene do ARN ribossómico 18S. A amplificação foi visualizada através da adição, antes da amplificação, de um reagente de deteção fluorescente e de uma lâmpada ultravioleta simples. Utilizando um passo de transcriptase reversa, o sistema detectou infecções entre 10 e 100 parasitas por ml e a sensibilidade do RT-LAMP para doentes com LC foi de 98%.

A aplicação de LAMP em amostras de esfregaços cozidos é um avanço interessante para desenvolver um método de diagnóstico simples e rápido (no local de prestação de cuidados) para a LC. Esta abordagem tem as vantagens potenciais de utilizar o LAMP como teste de diagnóstico molecular em regiões endémicas onde os recursos médicos são limitados.

Amostragem para biologia molecular:

A amostragem não invasiva para a deteção de Leishmania é essencial para um diagnóstico rápido e económico. No entanto, é comum observar-se uma variação significativa na exatidão clínica dos métodos de diagnóstico molecular da LC, dependendo da fonte da amostra, do método de recuperação do ADN e do teste molecular, e apenas algumas tentativas foram feitas para comparar estas variáveis. Adams e colaboradores avaliaram duas amostras de esfregaço e aspirado de lesões de doentes com suspeita de LC, juntamente com o diagnóstico padrão por deteção microscópica de amastigotas ou cultura de parasitas a partir de material da lesão. A colheita de amostras de zaragatoas, que é indolor e simples de executar, combinada com a extração de ADN Qiagen® , provou ser o método de recuperação mais eficiente, sensível e específico para o ADN de Leishmania.

Os cartões Flinders Technology Associates (FTA®) (cartões de papel de filtro Whatman) também têm sido utilizados com êxito para recolher amostras, incluindo amostras de ADN para análise PCR. Este método é minimamente invasivo para os doentes, fácil de manusear pelo pessoal médico e pode ser facilmente transportado para análise.

Recentemente, outras amostras corporais, tais como esfregaços conjuntivais, estão a ser consideradas como fonte de testes de CL, mas será necessária mais investigação.

Determinação da espécie:

Ao microscópio ótico, todas as espécies de Leishmania são morfologicamente indistinguíveis umas das outras, mas a identificação da espécie ou estirpe é muito importante para o tratamento dos doentes (ver parágrafo seguinte).

Durante várias décadas, a análise isoenzimática de Leishmania tem sido utilizada para a tipagem de estirpes, o que permitiu a construção de classificações filogenéticas e mesmo a diferenciação entre variantes antroponóticas e zoonóticas dentro de uma mesma espécie. Esta metodologia baseia-se na variação da mobilidade electroforética de enzimas isoladas de parasitas Leishmania. As estirpes são classificadas em vários zimogenes. Este método altamente especializado é realizado apenas em alguns laboratórios de referência, porque é dispendioso, consome muito tempo e requer grandes quantidades de promastigotas em cultura. Por conseguinte, estão a ser desenvolvidos métodos de tipagem alternativos, em particular, baseados nas caraterísticas genéticas do parasita. Os métodos baseados na PCR, em combinação com a análise do polimorfismo do comprimento dos fragmentos de restrição ou a sequenciação, permitem uma discriminação correta das espécies. Durante a última década, foram identificados vários alvos genéticos para este fim. Um alvo amplamente utilizado é o gene do mini-exão, que está envolvido no processo de trans-splicing do ARN mensageiro nuclear e está presente como 100-200 cópias repetidas em tandem por genoma nuclear. Cada repetição é constituída por três partes principais que fazem do mini-exão um excelente marcador genético

marcador. Marfurt e colaboradores desenvolveram uma tecnologia de tipagem amplamente utilizada que inclui um ensaio de PCR que amplifica todas as sequências de mini-exões numa única reação utilizando iniciadores universais, permitindo uma discriminação preliminar entre os principais complexos (ou seja, os complexos Leishmania do Velho Mundo, Leishmania do Novo Mundo e Viannia do Novo Mundo) em resultado da variabilidade dos tamanhos dos produtos de amplificação. O esquema de genotipagem por PCR-RFLP (Restriction Fragment Length Polymorphism) de mini-exão foi validado com estirpes de referência de Leishmania da OMS em cultura e isolados de doentes em cultura. Esta metodologia é agora amplamente utilizada como uma ferramenta de alta resolução, sensível e específica que pode identificar todas as espécies de Leishmania clinicamente relevantes.

Os genes candidatos alternativos para a tipagem são os genes HSP70, hexoquinase e fosfoglucomutase para várias espécies do Velho Mundo e as regiões do gene HSP70 para as espécies do Novo Mundo. As ferramentas de identificação de espécies baseadas em HSP70 são potencialmente aplicáveis a nível mundial em diferentes contextos clínicos e de amostragem e podem tornar-se o método de referência para a identificação de espécies de Leishmania em espécimes clínicos.[28]

Diagnóstico da leishmaniose mucocutânea
-A leishmaniose é uma doença mundialmente disseminada, causada por protozoários (do género Leishmania), que se transmite através da picada de uma fêmea infetada de mosquito da areia (um tipo de inseto) nas regiões tropicais e subtropicais.

-Existem 3 tipos principais de Leishmaniose que incluem:

-Leishmaniose cutânea, que afecta a pele

"Leishmaniose mucocutânea, que afecta a pele e a membrana mucosa

"Leishmaniose visceral, que afecta todo o corpo (sistémica)

-A Leishmaniose mucocutânea (LCM) é a forma mais invulgar de Leishmaniose. É semelhante à forma cutânea, mas depois a infeção invade (após muitos anos) as membranas mucosas, causando uma destruição grave da pele e dos tecidos da boca e da cavidade nasal

-É causada por cerca de 4 espécies diferentes de protozoários Leishmania, que se encontram principalmente em certos países da América do Sul. A leishmaniose mucocutânea é uma infeção mal compreendida,

mas acredita-se que se desenvolve devido a uma falta de tratamento inadequada ou completa da Leishmaniose Cutânea.

-A Leishmaniose mucocutânea é caracterizada pelo envolvimento da pele e das mucosas com a formação de lesões que se espalham localmente e mutilam gravemente a face. Esta situação pode ser acompanhada de febre, fadiga e doença geral. As complicações podem incluir infecções secundárias e destruição completa da face (particularmente a região à volta da boca e do nariz).

-O tratamento da Leishmaniose Mucocutânea envolve medicamentos e aplicações tópicas. Baseia-se no tipo e na gravidade da infeção. Uma vez que a infeção humana pode ser causada por muitas espécies diferentes de Leishmania, o tratamento também depende da localização geográfica. Nos casos graves, pode ser necessária uma cirurgia de reparação.

-O prognóstico depende da rapidez do tratamento adequado. O prognóstico da Leishmaniose Mucocutânea é geralmente satisfatório, mas as complicações graves podem resultar em lesões faciais irreversíveis e desfiguração.

Indivíduos de todas as idades correm o risco de contrair Leishmaniose Mucocutânea, se forem expostos a picadas de flebótomos. Não há preferência por género, raça ou etnia. No entanto, a Leishmaniose Mucocutânea é endémica em determinadas regiões do mundo, conforme indicado abaixo:

Os países latino-americanos, constituídos pelo Brasil, Bolívia e Peru, são responsáveis por quase 90% dos casos; outros países incluem a Colômbia, o Paraguai e a Venezuela.

-Países africanos, incluindo a Etiópia, o Sudão, o Quénia e a Namíbia.

A leishmaniose é uma doença infecciosa causada pela picada de flebótomos, pequenos insectos voadores mais pequenos do que os mosquitos e menos ruidosos. Os flebótomos transmitem os organismos Leishmania, que são protozoários parasitas, no sangue, causando a infeção.

-No entanto, a causa exacta do desenvolvimento da Leishmaniose Mucocutânea, que ocorre por vezes após alguns meses ou após vários anos (mesmo mais de 20 anos) devido ao mau tratamento ou à ausência de tratamento da Leishmaniose Cutânea, é geralmente desconhecida. Pensa-se que o parasita invade as membranas mucosas depois de atacar primeiro a pele.

-No entanto, nem todos os casos de Leishmaniose Mucocutânea surgem a partir da forma cutânea. Em alguns casos, os tipos mucocutâneo e cutâneo ocorrem em conjunto; noutros, o tipo mucocutâneo pode seguir-se imediatamente ao tipo cutâneo

-Foram identificadas e estudadas mais de 4 espécies diferentes de parasitas Leishmania. Algumas delas incluem:

°L. amazonensis

°L. (Viannia) braziliensis

°L. (V.) guyanensis

°L. (V.) panamensis

Os sinais e sintomas da Leishmaniose Mucocutânea incluem:

Os sintomas iniciais podem assemelhar-se aos da Leishmaniose cutânea

-Afecta a pele e as mucosas, principalmente da cavidade oral (boca e garganta) e do nariz

-As lesões cutâneas (devidas à leishmaniose cutânea) podem sarar espontaneamente, mas reaparecem noutros locais como lesões mucocutâneas que podem ser gravemente prejudiciais para as membranas mucosas e para a pele

-Nariz entupido e dificuldades respiratórias persistentes

-Hemorragia nasal

-Formação de múltiplas úlceras que se espalham pela boca e pelo nariz; perfurações da mucosa

-Hemorragia e ulceração; não há envolvimento do osso, mas o envolvimento da pele e dos tecidos está presente

-Desfiguração da face e da boca.

Como é que a leishmaniose mucocutânea é diagnosticada?

O exame físico, a avaliação dos sinais e sintomas e a avaliação da história clínica do indivíduo infetado podem ser indicativos de Leishmaniose Mucocutânea. No entanto, o profissional de saúde pode efetuar os seguintes testes para diagnosticar definitivamente a doença:

-Certas análises ao sangue para detetar anticorpos contra o parasita

-Teste cutâneo de Montenegro: Geralmente não é um método muito eficaz para ajudar no diagnóstico

-Teste de ADN (hibridação) e PCR

-Biópsia de uma lesão cutânea

-Deteção do agente patogénico através de métodos de coloração

-Examinar os tecidos ao microscópio para detetar o parasita.[29]

Referências:

1- http://www.who.int/leishmaniasis/disease/en/
2- https://web.stanford.edu/group/parasites/ParaSites2006/Leishmaniasis/history.htm
3- https://www.cdc.gov/parasites/leishmaniasis/epi.html
4- http://www.who.int/leishmaniasis/vetor/en/
5- https://www.ncbi.nlm.nih.gov/pmc/articles/PMC2889652/
6- https://www.cdc.gov/parasites/leishmaniasis/biology.html
7- http://www.who.int/leishmaniasis/cutaneous leishmaniasis/en/
8- https://en.wikipedia.org/wiki/Cutaneous leishmaniose
9- https://www.cdc.gov/parasites/leishmaniasis/health professionals/index.html
10-https://wwwnc.cdc.gov/travel/vellowbook/2018/infectious-diseases-related-to- viagens/leishmaniose-cutânea
11- http://www.who.int/leishmaniasis/mucocutaneous leishmaniasis/en/
12-http://www.dovemed.com/diseases-conditions/mucocutaneous-leishmaniasis/

13-https://www.ncbi.nlm.nih.gov/pubmed/15569784
14-https://www.ncbi.nlm.nih.gov/pmc/articles/PMC4934146/
15-http://www.sciencedirect.com/science/article/pii/0035920369901163
16- http://www.who.int/leishmaniasis/visceral leishmaniasis/en/
17-https://www.dndi.org/diseases-projects/leishmaniasis/disease-background-vl/
18-http://emedicine.medscape.eom/article/220298-overview#a3
19- https://www.cdc.gov/parasites/leishmaniasis/gen info/faqs.html
20- https://en.wikipedia.org/wiki/Visceral leishmaniose
21-http://www.dovemed.com/diseases-conditions/visceral-leishmaniasis/
22- https ://www.ncbi .nlm.nih. gov/pmc/articles/PMC3919212/
23- https://parasitesandvectors.biomedcentral.eom/articles/l 0.1186/s 13071 -016-1721-0
24- http ://microbeonline.com/wp-content/uploads/2013/1O/Morphological-form-of- Leishmania-donovani.ipg
25- https://www.ncbi.nlm.nih.gOv/pubmed/l 1370250
26-https://academic.oup.com/trstmh/article-abstract/95/Suplemento l/S59/1873638/Leishmaniasis-in-Sudan-4-Post-kala-azar- dermal?redirectedFrom=PDF
27- http://cvi.asm.Org/content/9/5/951.full
28-https://www.ncbi.nlm.nih.gov/pmc/articles/PMC4363483/
29-http://www.dovemed.com/diseases-conditions/mucocutaneous-leishmaniasis/

MIX
Papier aus verantwortungsvollen Quellen
Paper from responsible sources
FSC® C105338

Printed by Books on Demand GmbH, Norderstedt / Germany